# Fachdeutsch des Studiengangs Elektrotechnik

# 电气工程专业德语

王 鹏 于 珺 编著

〔德〕佛朗茨-约瑟夫·哥德曼（Franz-J. Gadermann） 审校

同济大学 出版社
TONGJI UNIVERSITY PRESS

## 内 容 提 要

《电气工程专业德语》是专为电气工程专业学生编写的专业德语学习用书。本书共 10 个主题、60 余篇专业文章。每个主题为 1 章,由 3 篇阅读文章、3 篇听力文章及章节练习构成。其中每篇阅读文章都配有阅读理解和语法练习,听力文章的配套音频可在"同济德语"APP 收听或前往"布谷德语课"(http://class.tongjideyu.com/)在线播放和下载。

本书内容选材专业、广泛,词汇丰富,从听、读、写三个方面,全面且深入地强化德语在电气工程专业学习中的应用,为学员运用德语进行电气工程专业的学习和工作打下扎实基础。

**图书在版编目(CIP)数据**

电气工程专业德语 / 王鹏,于珺编著. -- 上海:同济大学出版社,2020.9
ISBN 978-7-5608-9391-4

Ⅰ.①电… Ⅱ.①王… ②于… Ⅲ.①电工技术-德语 Ⅳ.①TM

中国版本图书馆 CIP 数据核字(2020)第 143353 号

## 电气工程专业德语

王 鹏 于 珺 编著

〔德〕佛朗茨-约瑟夫 • 哥德曼(Franz-J. Gadermann) **审校**

**责任编辑** 吴凤萍 **助理编辑** 夏涵容 **责任校对** 徐春莲 **封面设计** 陈益平

出版发行 同济大学出版社 www.tongjipress.com.cn
　　　　　(地址:上海市四平路 1239 号 邮编:200092 电话:021-65985622)
经　销 全国各地新华书店
印　刷 江苏句容排印厂
开　本 710 mm×960 mm 1/16
印　张 14.5
印　数 1—2100
字　数 290 000
版　次 2020 年 9 月第 1 版 2020 年 9 月第 1 次印刷
书　号 ISBN 978-7-5608-9391-4

定　价 59.00 元

# 前　言

　　本教材适合有一定德语基础的电气工程专业学生使用,选取的文章既有专业性,又有可阅读性,并且与德国大学同专业的课程密切相关。通过学习本教材,学生不仅能够了解专业知识,还能从中掌握科技德语的语言技能,进而更好地进行德语专业课的学习。

　　《电气工程专业德语》系统而全面地从学生的专业课中挑选出具有专业代表性的主题,包括基本理论知识和基本概念等。本教材共有 10 个主题,包含电气工程相关的数学、物理、电化学、电工学、电磁场、测量技术、变压器技术、信号及信号系统理论、发电机技术、控制及调控技术、信息技术及供电技术等专业知识。每个主题由 3 篇阅读文章、3 篇听力文章及章节测验构成,专业词汇及中文翻译以列表形式汇总在每章最后,以便学生系统学习。本教材适用于一个学期 64 课时的课程规划。

　　本教材中,王鹏老师主要编写了第 1,2,3,4,5,6,9,10 共 8 章,于珺老师主要编写了第 7 章和第 8 章并补充了第 9 章和第 10 章的部分内容。德籍语言教师 Franz-J. Gadermann 教授负责对编写的章节进行语言审校,并为听力文章进行录音。在此谨向 Franz-J. Gadermann 教授表示衷心的感谢。

编　者

2020 年 7 月于青岛

# Inhaltsverzeichnis

# Thema 1

# Natürliche Wissenschaften

## Text A 〉 Mathematik

### Grundlegende mathematische Operationen

In der Fachsprache der Mathematik bedeutet der Begriff „Operation" etwas anderes als im medizinischen Bereich. Während man in der Medizin mit „Operation" einen chirurgischen Eingriff meint, bezeichnet man in der Mathematik damit die Ausführung einer Rechnung.

Tabelle 1-1   Wortfeld der Operationen

| Symbol | Grundrechnungsart | man sagt | Ergebnis |
|--------|-------------------|----------|----------|
| + plus | die Addition | addieren zu, dazu | die Summe von |
| − minus | die Subtraktion | subtrahieren von, davon | die Differenz von |
| · mal | die Multiplikation | multiplizieren mit | das Produkt von |
| ÷ durch | die Division | dividieren durch | der Quotient aus |

Tabelle 1-2    andere Symbole

| Symbol | man sagt |
|--------|----------|
| = | ist, gleich, ist gleich, ergibt, macht |
| ≈ | (ist) ungefähr |
| ≠ | (ist) ungleich, nicht gleich |

| Symbol | man sagt |
|:---:|:---|
| < | （ist）kleiner als |
| > | （ist）größer als |
| ≤ | （ist）kleiner oder gleich |
| ≥ | （ist）größer oder gleich |

## Potenzen und Wurzeln

Die Rechenoperationen der dritten Stufe sind das Potenzieren und das Wurzelziehen oder Radizieren. Bei der Potenz unterscheiden wir die Basis oder Grundzahl der Potenz und den Exponenten oder die Hochzahl der Potenz. Das Radizieren oder Wurzelziehen ist die Umkehrung des Potenzierens. Die Zahl, aus der man die Wurzel zieht, heißt Radikand, der Exponent heißt hier Wurzelexponent.

Beispiel：

$5^2$： $^2$ ist der Exponent, **5** ist die Basis（die Grundzahl）.

Man sagt：fünf hoch zwei oder zweite Potenz von fünf

Man sagt：$6^2$ sechs hoch zwei；$a^2$ a Quadrat；$a^n$ a hoch n

Beispiel：

$\sqrt[2]{16}$：$\sqrt[2]{\phantom{xx}}$ ist der Wurzelexponent, 16 ist der Radikand

Man sagt：die zweite Wurzel aus sechzehn

Der Wurzelexponent n wird als Kardinalzahl geschrieben, aber als Ordinalzahl gesprochen. Im Beispiel schreibt man die Zahl 3（ohne Punkt）und sagt „dritte" （wie 3. — mit Punkt!）. Im Beispiel schreibt man die Zahl 5 und sagt „fünfte" usw. Bei der zweiten Wurzel （Quadratwurzel） lässt man die 2 oft weg und sagt einfach „Wurzel aus neun". Wenn man sie aber spricht, sagt man „die zweite Wurzel".

**Klammern ( )**

Sie erinnern sich: Die runden Klammern ( ) sind ein mathematisches Symbol. Damit wird angegeben, in welcher Reihenfolge mehrere Rechnungen ausgeführt werden müssen. Denn wenn in einer Rechnung Rechenoperationen verschiedener Stufen auszuführen sind, dann kommt es auf die Reihenfolge an.

Beispiel:

$2 \cdot 4 + 9 = ?$: Wenn man zuerst multipliziert ($2 \cdot 4 = 8$) und dann addiert ($8 + 9$), dann ist das Ergebnis 17. Wenn man aber zuerst addiert ($4 + 9 = 13$) und dann multipliziert ($2 \cdot 13$), ist das Ergebnis 26. Die allgemeine Regel heißt: Die Rechenoperation höherer Stufe wird zuerst ausgeführt.

Merksatz „Vorfahrtsregel": Potenzen gehen vor Klammern, Klammern gehen vor Punkt, Punkt geht vor Strich. Wenn die Rechenoperationen in einer anderen Reihenfolge ausgeführt werden sollen, dann müssen wir Klammern schreiben: $2 \cdot 4 + 3 \cdot 2 = 14$ oder $2 \cdot (4 + 3) \cdot 2 = 28$.

Beispiele:

| Symbolschreibweise | gesprochen |
| --- | --- |
| $2 \cdot (4 + 3) \cdot 2$ | zwei mal - vier plus drei in Klammern - mal zwei |
| $2 \cdot (4 + 3) \cdot 2$ | zwei mal - Klammer auf - vier plus drei - Klammer zu - mal zwei |
| [ ] | „eckige" Klammern |
| { } | „geschweifte" Klammern |

*Quelle: www.mathe-online.at/mathint//*

Ⅰ. *Fragen zum Text*

**1. Lesen Sie laut.**

$4^2$:

$3^4$:

$y^2$：

$b^x$：

## 2. Wie werden die Formeln gesprochen?

| Symbolschreibweise | gesprochen |
|---|---|
| $\sqrt{16}=4$ | die zweite Wurzel aus 16 ist 4 |
| $\sqrt[4]{375}=5$ | |
| $\sqrt[5]{32}=2$ | |
| $\sqrt[n]{a}=b$ | |

Ⅱ. *Grammatik zum Text — Präposition*

| addieren zu，dazu | die Summe von |
|---|---|
| subtrahieren von，davon | die Differenz von |
| multiplizieren mit | das Produkt von |
| dividieren durch | der Quotient aus |

**Setzen Sie die richtigen Präpositionen in die Lücken.**

Addieren Sie 4 _____ 7. Multiplizieren Sie diese Summe _____ 9. Subtrahieren Sie _____ 18. Und jetzt dividieren Sie bitte _____ 9. Multiplizieren Sie nun _____ 6. Subtrahieren Sie _____ diesem Produkt 16. Addieren Sie 25 _____. Dividieren Sie das Ergebnis _____ 21. Und was ist nun das Ergebnis?

Ⅲ. *Übersetzen Sie die folgenden Sätze ins Chinesische.*

1. Wenn Sie eine Zahl zu einer anderen Zahl addieren，ist das vor dem Plus der 1. Summand und die Zahl hinter dem Plus der 2. Summand.

_____

_____

2. Eine Subtraktion erkennen Sie am Minuszeichen. Die Zahl，von der

subtrahiert wird, von der etwas abgezogen wird, heißt „Minuend".

3. Es ist auch wichtig, zu unterscheiden, was abgezogen wird und wovon etwas abgezogen wird.

Ⅳ. *Hören Sie zu und ergänzen Sie.*

Wenn man _____ mit einer anderen Zahl mal_____, „multipliziert" man sie. Das Mal-Rechnen heißt „ _____ ". Der Term, also der Rechenausdruck, heißt „_____ ". Das _____ ist der Wert des Produkts. Der Term einer _____ heißt „Quotient". Die Zahl, die „dividiert" wird, also die _____ wird, heißt „Dividend". Die Zahl, durch die _____, ist der „_____ ". Die Reihenfolge spielt eine Rolle bei der _____. Deswegen gibt es hier auch wieder zwei unterschiedliche Namen für die _____. Weil es wichtig ist, _____, was vor und was hinter dem _____ steht.

*Quelle: Mathe-Vokabeln I Grundbegriffe einfach erklärt I musste wissen Mathe*

## Text B 〉 Elektrochemie

### Grundlagen

| Stoffe Eisen, Sauerstoff, Schwefelsäure, Benzol, Luft | | | |
|---|---|---|---|
| **Reine Stoffe** Eisen, Sauerstoff, Schwefelsäure, Benzol | | **Stoffgemische** z. B. Luft | |
| **Chemische Elemente** Eisen, Sauerstoff | | **Chemische Verbindungen** Schwefelsäure, Benzol | |
| **Metalle** Eisen | **Nichtmetalle** Sauerstoff | **Anorganische Verbindungen** Schwefelsäure | **Organische Verbindungen** Benzol |

## Chemische Verbindungen

| Oxide | bestehen aus einem Element und Sauerstoff (Kohlendioxid, Kalziumoxid, Aluminiumoxid). |
|---|---|
| Säuren | geben positive Wasserstoff-Ionen ab (Schwefelsäure, Salzsäure, Salpetersäure). |
| Laugen | sind in Wasser gelöste Basen (Natronlauge, Kalilauge, Kalziumhydroxid). |
| Basen | nehmen positiv geladenen Wasserstoff (Protonen) auf (Natriumhydroxid, Kaliumhydroxid, Kalziumhydroxid). |
| Salze | sind zusammengesetzt aus positiven Metall-Ionen bzw. Ammonium-Ionen und negativen Säurerest-Ionen (Kupfersulfat, Natriumchlorid, Natriumnitrat). |

## Aufbau der Stoffe-Teilchenmodell

### Festkörper

In Festkörpern liegen die Atome dicht an dicht. Jedes dieser Atome wird von den umgebenen anderen Atomen an seinen Platz gehalten. Die Atome sind jedoch nicht in Ruhe, sondern führen um ihren Platz herum Schwingungen (Zappelbewegungen) aus. Sie können ihren Platz nicht verlassen.

### Flüssigkeiten

In Flüssigkeiten liegen die Atome ebenfalls dicht an dicht. Sie können aber problemlos ihre Plätze untereinander tauschen. Auch ohne Einfluss von außen, bewegen sie sich dauernd um einander herum. Die Flüssigkeit können sie aber nicht ohne weiteres verlassen. Wegen der leichten Verschiebbarkeit der Atome, lassen sich Flüssigkeiten gießen, nehmen jede Gefäßform an, weichen beim Eintauchen fester Körper aus und neigen dazu eine waagerechte Oberfläche zu bilden.

### Gase

In Gasen bewegen sich die Atome mit großer Geschwindigkeit völlig unabhängig voneinander. Sie nehmen deshalb jeden verfügbaren Raum ein. Stoßen sie auf Nachbaratome, werden sie wie Billardkugeln in eine andere Richtung geworfen. Diese Eigenschaft lassen Gase im freien Raum schnell verflüchtigen.

**Elektrolyse**

Elektrolyse ist das Zersetzen einer stromleitenden Flüssigkeit (Elektrolyt), zum Beispiel Wasser ($H_2O$), beim Anlegen einer Spannung. Die Moleküle der Salze, Säuren oder Laugen zerfallen im Wasser in elektrisch geladene Teilchen (Ionen). In den Elektrolyten sind die Ionen die Träger der elektrischen Ladung.

Bei dem dargestellten Versuch spielen sich folgende Vorgänge ab:

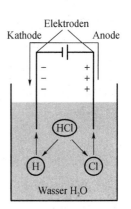

Die Chlorwasserstoff-Atome (HCl) reagieren mit den Wasser-Atomen ($H_2O$) und zerlegen sich in elektrisch geladene Ionen. Dabei entstehen Chlor-Ionen (Cl) und Wasserstoff-Ionen (H). Die Chlor-Ionen (Cl) sind negativ geladen. Die Wasserstoff-Ionen (H) oder Hydronium-Ionen sind positiv geladen.

**Abb. 1-1**

Durch die Spannung an den Elektroden (Anode und Kathode) wandern die Ionen an die jeweils entgegengesetzt geladene Elektrode. Die negativ geladenen Chlor-Ionen wandern zur Anode (positiv geladen) und die positiv geladenen Wasserstoff-Ionen wandern zur Kathode (negativ geladen). Es kommt dabei zu einem Stromfluss, dem Ionenstrom.

**Elektrolyt**

Der Elektrolyt ist eine stromleitende Flüssigkeit, _____ meist aus Wasser ($H_2O$) besteht, _____ in der reinen Form nichtleitend ist. Erst durch Hinzufügen von Verunreinigungen wird das Wasser leitend. Das normale

Wasser, _____ aus der Leitung kommt ist als verunreinigt anzusehen. Verunreinigt man das Wasser gezielt mit Säuren, Laugen oder Salzen, entsteht ein Elektrolyt, _____ für die Elektrolyse verwendet werden kann.

**Galvanische Elemente**

Galvanische Elemente sind Energieumwandler, _____ auf elektrochemischem Weg eine Spannung erzeugen. Die Höhe der Spannung ist abhängig von der Art der Werkstoffe und von der Art und Menge des Elektrolyten.

Die Spannung entsteht dadurch, dass zwei Werkstoffe (Elektroden) in einen Elektrolyten getaucht werden. Das ist dann das galvanische Element. Metalle neigen dazu, sich im Elektrolyten aufzulösen. Dabei werden positive Ionen erzeugt. Die Elektronen bleiben auf dem metallischen Werkstoff zurück. Das Metall wird gegenüber dem Elektrolyten negativ. Es entsteht ein Ladungs- und damit ein Spannungsunterschied ( − U und + U) zwischen Werkstoff und Elektrolyt.

**Galvanisches Sekundärelement**

Das galvanische Sekundärelement besteht aus zwei Materialien, _____ als Elektrode dienen und in einen Elektrolyten getaucht sind. In diesem Zustand ist das Sekundärelement als Spannungsquelle unbrauchbar. Es muss zuerst aufgeladen werden, bevor es nach dem Ladevorgang Strom abgeben kann.

Galvanische Sekundärelemente geben sofort nach dem Schließen des Stromkreises eine Spannung ab. Ein Strom fließt dann so lange, bis die Ladungsmenge verbraucht ist. Im Gegensatz zum Primärelement sind die elektrochemischen Vorgänge innerhalb eines Sekundärelements umkehrbar. Sie können durch Zuführen von elektrischer Energie wieder aufgeladen werden. Sekundärelemente lassen sich deshalb wiederholt verwenden. Sie werden Akkumulator (Akku) oder Sammler genannt.

Wird einem Akku elektrische Energie zugeführt (Laden) wird diese in chemische Energie umgewandelt. Wird einem Akku elektrische Energie entzogen（Entladen）wird diese aus der chemischen Energie umgewandelt.

*Quelle*：*http*：//*www*.*elektronik-kompendium*.*de*

Ⅰ. *Fragen zum Text*

**1. Welche chemischen Verbindungen gibt es**?

**2. Welche Eigenschaften haben** *Festkörper*，*Flüssigkeiten* **und** *Gase*?

**3. Erklären Sie die Bedeutung der Begriffe.**

　a. Elektrolyse

　b. Elektrolyt

　c. Galvanische Elemente

　d. Galvanische Sekundärelemente

Ⅱ. *Grammatik zum Text* — *Relativsätze*

**Ergänzen Sie die Lücken mit Relativpronomen im Text.**

|  | Nominativ | Genitiv | Dativ | Akkusativ |
|---|---|---|---|---|
| **maskulin（m）** | der | dessen | dem | den |
| **feminin（f）** | die | deren | der | die |
| **neutral（n）** | das | dessen | dem | das |
| **Plural（pl）** | die | deren | denen | die |

III. *Übersetzen Sie die folgenden Sätze ins Chinesische.*

1. Die Atome sind jedoch nicht in Ruhe，sondern führen um ihren Platz herum Schwingungen（Zappelbewegungen）aus.

   _____

2. Die Atome können aber problemlos ihre Plätze untereinander tauschen.

   _____

3. Dic Moleküle der Salze，Säuren oder Laugen zerfallen im Wasser in elektrisch geladene Teilchen（Ionen）.

   _____

4. Durch die Spannung an den Elektroden（Anode und Kathode）wandern die Ionen an die jeweils entgegengesetzt geladene Elektrode.

   _____

5. Wird einem Akku elektrische Energie zugeführt（Laden）wird diese in chemische Energie umgewandelt.

   _____

IV. *Hören Sie zu und ergänzen Sie.* 🎧

Die _____ eines Stoffes oder Stoffgemisches hängt von der _____ von beweglichen _____ ab. Dies können locker gebundene _____，wie beispielsweise in _____，aber auch in organischen _____ mit delokalisierten Elektronen oder _____ sein.

Wässrige Lösungen zeichnen sich _____ eine geringc Lcitfähigkeit aus. Sie steigt，wenn dem Wasser Ionen，also _____，_____ oder _____ hinzugefügt werden. Dementsprechend hat Meerwasser eine _____ elektrische Leitfähigkeit als Süßwasser. Reines Wasser hat eine äußerst _____ Leitfähigkeit.

*Quelle：https：//www. chemie. de/lexikon/Elektrische_Leitfähigkeit.html*

## Text C ⟩ Physik

### Physikalische Größen

Eine physikalische Größe beschreibt eine messbare physikalische Eigenschaft. Jede physikalische Größe wird in einer bestimmten Maßeinheit angegeben. Unter einer physikalischen Größe versteht man das Produkt aus einem Zahlenwert und einer Einheit. Also:

$$Physikalische\ Größe\ =\ Zahlenwert\ \cdot\ Einheit$$

Allgemeine Darstellung für eine Größe G:

$$G = Z \cdot E \qquad\qquad (1-1)$$

Z: Zahlenwert der Größe G; E: Einheit der Größe G

Beispiele: $230\ V = 230 \cdot V$, $1.33\ cm = 1.33 \cdot cm$

Bei sehr großen oder sehr kleinen Zahlenwerten werden die Zehnerpotenzen der Einheiten durch Buchstaben ausgedrückt, große Buchstaben werden verwendet für Zehnerpotenzen $> 3$, kleine Buchstaben für Zehnerpotenzen $< 3$.

**Tabelle 1-3   Zehnerpotenzen**

| | | |
|---|---|---|
| Exa | $E$ | $10^{18}$ |
| Peta | $P$ | $10^{15}$ |
| Tera | $T$ | $10^{12}$ |
| Giga | $G$ | $10^{9}$ |
| Mega | $M$ | $10^{6}$ |
| Kilo | $k$ | $10^{3}$ |
| Hekto | $h$ | $10^{2}$ |
| Deka | $da$ | $10^{1}$ |
| Dezi | $d$ | $10^{-1}$ |

（续表）

| | | |
|---|---|---|
| Zenti | $c$ | $10^{-2}$ |
| Milli | $m$ | $10^{-3}$ |
| Mikro | $\mu$ | $10^{-6}$ |
| Nano | $n$ | $10^{-9}$ |
| Pico | $p$ | $10^{-12}$ |

Beispiele: $1\ km = 1\ 000\ m = 1 \cdot 10^3\ m$, $1\ mm = 0.001\ m = 1 \cdot 10^{-3}\ m$

Es gibt eine Vielzahl physikalischer Größen und Einheiten, es gibt jedoch nur 7 Basisgrößen bzw. Basiseinheiten, aus denen alle anderen Größen zusammengesetzt sind.

## Einheitssystem

**Tabelle 1-4  sieben SI-Einheiten**

| Größe | Symbol | Einheit | Symbol |
|---|---|---|---|
| Strom | $I$ | Ampere | A |
| Zeit | $t$ | Sekunde | s |
| Länge | $l$ | Meter | m |
| Temperatur | $T$ | Kelvin | K |
| Masse | $m$ | Kilogramm | kg |
| Stoffmenge | $n$ | Mol | mol |
| Lichtstärke | $I_v$ | Candela | cd |

## Definitionen

Das **Meter** ist die Länge der Strecke, die Licht im Vakuum während der Dauer von 1/299792458s durchläuft.

Das **Kilogramm** ist die Masse des „Urkilogramms", des internationalen Kilogrammprototyps.

Die **Sekunde** ist das 9.192.631.770-fache der Periodendauer der Strahlung, die dem Übergang zwischen den beiden Hyperfeinstrukturniveaus des Grundzustandes von Atomen des Caesiumnuklids $^{133}$Cs entspricht.

Das **Ampere** ist die Stärke eines konstanten elektrischen Stromes durch zwei geradlinige, parallele, unendlich lange Leiter von vernachlässigbarem Querschnitt, die den Abstand 1 m haben und zwischen denen die durch den Strom elektrodynamisch hervorgerufene Kraft im Vakuum je 1 m Länge der Doppelleitung $2 \cdot 10^{-7}$ N beträgt.

Das **Kelvin** ist der 273,16 te Teil der thermodynamischen Temperatur des Tripelpunktes des Wassers.

Das **Mol** ist die Stoffmenge eines Systems, das aus ebenso vielen Einzelteilchen besteht, wie Atome in 0,012 kg des Kohlenstoffnuklids $^{12}$C enthalten sind.

Die **Candela** ist die Lichtstärke in einer bestimmten Richtung einer Strahlungsquelle, die monochromatische Strahlung der Frequenz $540 \cdot 10^{12}$ Hertz aussendet und deren Strahlstärke in dieser Richtung 1/683 Watt pro Steradiant beträgt.

## Abgeleitete Einheiten

Die vorgestellten SI-Einheiten reichen aus, um alle anderen physikalischen Einheiten anzugeben. Dieses soll am Beispiel der Kraft exemplarisch aufgezeigt werden. Aus der physikalischen Gleichung $F = m \cdot a$ wird die Einheitengleichung gebildet: $[F] = [m] \cdot [a] = $ kg $\cdot$ m/s$^2$ = kgms$^{-2}$.

Somit ist die Einheit der Kraft aus SI-Einheiten zurückgeführt. Damit nicht immer für den Aufwand der Kraft die Einheit kgms$^{-2}$ angegeben muss, erfolgt die Definition der abgeleiteten Einheit: 1 N = 1 kgms$^{-2}$ (Newton). Somit kann als Einheit der Kraft angegeben werden: $[F]$ = 1 N = 1 kgms$^{-2}$. In der Elektrotechnik wird überwiegend mit den Einheiten m, s, A und V gerechnet. Die folgende Tabelle zeigt uns die wichtigen physikalischen Größen und deren Einheiten in der Elektrotechnik.

## Tabelle 1-5   wichtige physikalische Größen und deren Einheiten

| Formel-zeichen | Physikalische Größe | 物理量中文 | Einheiten | Einheiten-zeichen |
|---|---|---|---|---|
| $B$ | Magnetische Flussdichte, Induktion | 磁通密度，磁感应强度 | Tesla | $T = Wb/m^2$ |
| $C$ | Elektrische Kapazität | 电容 | Farad | F |
| $D$ | Elektrische Flussdichte, Verschiebung | 电位移 | Coulomb pro Quadratmeter | $C/m^2$ |
| $E$ | Elektrische Feldstärke | 电场强度 | Volt pro Meter | V/m |
| $E_V$ | Beleuchtungsstärke | 光照强度 | Lux | lx |
| $G$ | Elektrischer Leitwert | 电导 | Siemens | S |
| $H$ | Magnetische Feldstärke | 磁场强度 | Ampere pro Meter | A/m |
| $I$ | Stromstärke | 电流 | Ampere | A |
| $I_V$ | Lichtstärke | 发光强度 | Candela | cd |
| $L$ | Induktivität | 电感 | Henry | H |
| $L_V$ | Leuchtdichte | 光密度 | Candela pro Quadratmeter | $cd/m^2$ |
| $F$ | Magnetischer Fluss | 磁通量 | Weber | Wb |
| $F_V$ | Lichtstrom | 光流 | Lumen | lm |
| $P$ | Leistung | 功率 | Watt, Joule pro Sekunde, Newtonmeter pro Sekunde | W, J/s, Nm/s |
| $Q$ | Elektrische Ladung | 电荷 | Coulomb | C |
| $R$ | Elektrischer Widerstand | 电阻 | Ohm | $\Omega$ |
| $T$ | Temperatur | 温度 | Kelvin | K |
| $U$ | Elektrische Spannung, Elektrische Potenzial-differenz | 电压，电势 | Volt | V |
| $W$ | Arbeit, Energie | 功，能 | Wattsekunde, Joule, Newtonmeter | Ws, J, Nm |

*Quelle*：*https*：//*physikunterricht-online.de/hilfsmittel/physikalische-groessen-und-einheiten/evtl*

Ⅰ. *Fragen zum Text*

**1. Was versteht man unter einer physikalischen Größe? Geben Sie ein Beispiel.**

**2. Welche sieben SI-Grundeinheiten gibt es?**

**3. Schreiben Sie bitte für die folgenden physikalischen Größen Gleichungen mit Zehnerpotenzen.**

a. Stromstärke eines Elektroofens: 15 A

b. Spannung einer Überlandleitung: 400 kV

c. Spannung eines Thermoelementes: 15 mV

d. Kapazität eines Kondensators: 100 pF

e. Induktivität einer Spule: 25 mH

f. Wellenlänge (rot): 633 nm

g. Lichtgeschwindigkeit: $3 \cdot 10^5$ km/s

h. Taktfrequenz einer CPU: 3 GHz

i. Sendefrequenz GSM: 1800 MHz

Ⅱ. *Grammatik zum Text*

**Passivsätze in Aktivsätze umformen oder umgekehrt.**

a. Bei sehr großen oder sehr kleinen Zahlenwerten werden die Zehnerpotenzen der Einheiten durch Buchstaben ausgedrückt.

b. Die folgende Tabelle zeigt uns die wichtigen physikalischen Größen.

c. Unter einer physikalischen Größe versteht man das Produkt aus einem Zahlenwert und einer Einheit.

Ⅲ. *Übersetzen Sie die folgenden Sätze ins Chinesische.*

1. Unter einer physikalischen Größe versteht man das Produkt aus einem Zahlenwert und einer Einheit.

2. Das **Kelvin** ist der 273,16 te Teil der thermodynamischen Temperatur des Tripelpunktes des Wassers.

3. Die vorgestellten SI-Einheiten reichen aus, um alle anderen physikalischen Einheiten anzugeben. Dieses soll am Beispiel der Kraft exemplarisch aufgezeigt werden.

Ⅳ. *Hören Sie zu und ergänzen Sie.*

Zur Beschreibung der _____ (z.B. Länge) und _____ von Objekten (z.B. Temperatur) _____ der Physiker physikalische Größen. Man _____ her noch längst nicht alle physikalischen Größen, aber eine _____ sollten schon bekannt sein: z.B. Länge, _____, Volumen, _____, Strom, Spannung, _____. Diese Größen spielen nicht nur _____, sondern in vielen anderen _____ eine wichtige Rolle.

*Quelle: https://www.leifiphysik.de*

## Lückentest

1. Die Rechenoperationen der dritten Stufe sind das _____ und das Wurzelziehen.
2. Die Zahl，aus der man die Wurzel zieht，heißt „_____“.
3. Die Zahl，durch die geteilt wird，ist der _____.
4. Die Rechenoperation höherer Stufe wird zuerst _____.
5. _____ bestehen aus einem Element und Sauerstoff.
6. _____ sind in Wasser gelöste Basen.
7. In Gasen bewegen sich die Atome mit großer _____ völlig unabhängig voneinander.
8. Elektrolyse ist das _____ einer stromleitenden Flüssigkeit.
9. Der _____ ist eine stromleitende Flüssigkeit，die meist aus Wasser （$H_2O$）besteht.
10. Unter einer physikalischen Größe versteht man das _____ aus einem Zahlenwert und einer Einheit.
11. Die SI-Einheiten reichen aus，um alle anderen _____ Einheiten anzugeben.
12. Die _____ eines Stoffes oder Stoffgemisches hängt von der Verfügbarkeit von beweglichen Ladungsträgern ab.

## Vokabelliste

| | | |
|---|---|---|
| der | Akkumulator，-en | 蓄电池 |
| das | Aluminiumoxid | $Al_2O_3$，氧化铝 |
| die | Anode，-n | 正极 |
| die | Ausführung，-en | 执行,完成 |
| die | Base，-n | 碱 |
| die | Basis，-Basen | 底数 |
| das | Benzol，-e | 苯 |

| | | |
|---|---|---|
| das | Caesiumnuklid，-e | 铯同位素 |
| der | Divisor，-en | 除数，分母 |
| der | Eingriff，-e | 手术 |
| die | Einheit，-en | 单位，单元 |
| die | Elektrolyse，-n | 电解 |
| der | Elektrolyt，-en | 电解质 |
| das | Elektron，-en | 电子 |
| der | Elektroofen，-öfen | 电炉 |
| der | Exponent，-en | 指数 |
| das | Formelzeichen | 符号，记号 |
| die | Größe，-n | 尺寸，量 |
| die | Grundzahl | 底数 |
| der | Grundzustand，-e | 基态 |
| das | GSM | 全球通 |
| die | Hochzahl，-en | 指数 |
| das | Hyperfeinstrukturniveau，-s | 超精细能级 |
| die | Induktivität，-en | 感应率，介电常数 |
| der | Ionenstrom，-e | 电子流 |
| die | Kalilauge，-n | KOH，氢氧化钾 |
| das | Kalziumhydroxid，-e | $Ca(OH)_2$，氢氧化钙 |
| das | Kalziumoxid，-e | CaO，氧化钙 |
| die | Kapazität，-en | 电容 |
| die | Kardinalzahl，-en | 基数 |
| die | Kathode，-n | 正极 |
| das | Kohlendioxid，-e | $CO_2$，二氧化碳 |
| das | Kohlenstoffnuklid，-e | 碳同位素 |
| der | Kondensator，-en | 电容器 |
| das | Kupfersulfat，-e | $CuSO_4$，硫酸铜 |
| die | Lauge，-n | 碱溶液 |
| die | Lichtgeschwindigkeit | 光速 |
| die | Masse，-n | 质量 |

| | | |
|---|---|---|
| das | Natriumchlorid，-e | NaCl，氯化钠 |
| das | Natriumnitrat，-e | $NaNO_3$，硝酸钠 |
| die | Natronlauge，-n | NaOH，氢氧化钠 |
| das | Nichtmetall，-e | 非金属 |
| die | Operation，-en | 运算方法 |
| die | Ordinalzahl，-en | 序数 |
| das | Oxid，-e | 氧化物 |
| die | Periodendauer | 周期时间 $T$ |
| das | Potenzial，-e | 势能，位能 |
| die | Potenz，-en | 幂，乘方 |
| das | Potenzieren | 乘方 |
| das | Proton，-en | 质子 |
| der | Prototyp，-en | 原型，原器 |
| der | Querschnitt，-e | 横截面 |
| der | Radikand，-en | 被开方数 |
| die | Salpetersäure，-n | $HNO_3$，硝酸 |
| der | Sammler，- | 蓄电池 |
| die | Schwefelsäure，-n | 硫酸 |
| die | Sendefrequenz，-en | 载波频率，发射频率 |
| die | Spannung，-en | 电压 |
| der | Steradiant，-en | 球面度，立体弧度 |
| die | Stoffmenge，-n | 物质的量 |
| der | Summand，-en | 加数 |
| der | Taktfrequenz，-en | 循环频率，主频 |
| der | Term，-e | 项 |
| das | Thermoelement，-e | 热电偶 |
| der | Träger，- | 载体 |
| der | Tripelpunkt，-e | 三相点 |
| die | Umkehrung，-en | 翻转，逆 |
| das | Urkilogramm，-e | 标准千克 |
| die | Verschiebbarkeit，-en | 可移动性 |

| die | Verunreinigung，-en | 杂质 |
| der | Vorfahrtsregel，-n | 优先规则 |
| der | Vorgang，¨e | 发生 |
| die | Wellenlänge | 波长 |
| der | Werkstoff，-e | 材料 |
| der | Widerstand，¨e | 电阻 |
| die | Wurzel，-n | 方根 |
| das | Wurzelziehen | 平方根 |
| der | Zahlenwert，-e | 数值 |
| die | Zappelbewegung，-en | 不安运动 |
| das | Zersetzen | 分解 |
| | abgeben | 释放 |
| | abziehen | 减去 |
| | Ammonium-Ionen | $NH_4^+$，铵离子 |
| | angeben | 指明，说明 |
| | anorganisch | 无机的 |
| | ansehen | 看作 |
| | auf etw. (A) ankommen | 视……而定 |
| | auflösen | 溶解 |
| | aufzeigen | 表明，阐明 |
| | ausdrücken | 表述，表达 |
| | aussenden | 放射，发射出 |
| | ausweichen | 绕开 |
| | beim Anlegen | 接上时 |
| | beim Eintauchen | 浸入时 |
| | chirurgisch | 外科的 |
| | dicht an dicht liegen | 彼此靠近 |
| | durchlaufen | 行进 |
| | einnehmen | 占据 |
| | elektrodynamisch | 电动的 |
| | entgegengesetzt | 反向的 |

| | |
|---|---|
| entladen | 放电 |
| entziehen | 除去 |
| etw. auf etw. zurückführen | 把……归因于 |
| exemplarisch | 模范的 |
| galvanisch | 电流的 |
| gegenüber ＋D | 相对于 |
| geradlinig | 笔直的,直线(性)的 |
| halten an | 保持 |
| hervorrufen | 招致,引起 |
| im medizinischen Bereich | 在医学领域 |
| im Vakuum | 真空 |
| laden | 充电 |
| monochromatisch | 单色的 |
| neigen zu | 倾向于 |
| organisch | 有机的 |
| sich abspielen | 发生 |
| thermodynamisch | 热力学的 |
| umkehrbar | 可逆的 |
| verflüchtigen | 挥发 |
| vernachlässigbar | 可以忽略的 |
| zerfallen | 分解 |

# Thema 2

# Grundlagen der Elektrotechnik

Text A ▷ Grundbegriffe

### Strom

Elektrischer Strom ist die gerichtete Bewegung elektrischer Ladungsträger durch einen Leiter. Wenn der elektrische Strom von Elektronen getragen wird, fließt der Strom vom Minus- zum Pluspol. Die technische Stromrichtung ist aber vom Pluspol zum Minuspol definiert.

### Spannung

An einem elektrischen Leiter liegt die Spannung 1 Volt an, wenn durch diesen Leiter ein konstanter Strom der Stärke 1 A fließt und in diesem Leiter eine Leistung von 1 W in Wärme umgesetzt wird.

Spannung bedeutet Potenzialunterschied. Vorstellen kann man sich Spannung mit einer Quelle, die von einem Berg (hohes Potenzial) ins Tal (niedriges Potenzial) fließt, also von einem Ort mit hohem Potenzial zu einem Ort mit niedrigem Potenzial. Man erhält beim Fluss ins Tal genau die Energie zurück, die man aufwenden müsste, um das Wasser zur Quelle hochzutragen. Da die Elektronen vom Minus- zum Pluspol fließen entspricht in diesem Beispiel der Minuspol der Quelle auf dem Berg (physikalische Stromrichtung).

Eine technische Definition der Spannung lautet wie folgt: Die Spannung ist der Quotient aus Überführungsarbeit $W$ zwischen zwei Punkten und der Ladung $Q$, also:

$$U = W/Q \text{ mit } [U] = 1\text{J}/1\text{C} = 1\text{V (Volt)} \tag{2-1}$$

Das elektrische Potenzial ist definiert als Spannung zwischen dem Messpunkt ($\varphi_1$) und einem festen Bezugspunkt ($\varphi_2$). Die Spannung wird so zu einer Potenzialdifferenz: $U = \varphi_1 - \varphi_2$.

Spannungen ab etwa 40 Volt können gefährlich sein. Das deutsche Stromnetz liefert eine Wechselspannung von 230 Volt (bei 50 Hertz).

## Gleichspannung

Den von einer Gleichspannungsquelle erzeugten Strom nennt man Gleichstrom. Das Zeichen für Gleichstrom ist „— ".

## Wechselspannung

Den von einer Wechselspannungsquelle erzeugten Strom nennt man Wechselstrom. Das Zeichen für Wechselstrom ist „ $\sim$ ". Man spricht bei Wechselspannung oft von der positiven und der negativen Halbwelle. Es ist dabei immer der anzugebende Bezugspunkt wichtig. Die Frequenz der Spannungsquelle wird in der Einheit Hertz (Hz) angegeben, zu Ehren des Physikers Heinrich Hertz. Ein Hertz ist dabei die Anzahl der Schwingungen pro Sekunde, also 1 Hz = 1/s.

Eine Schwingung oder Periode besteht aus einer positiven und einer negativen Halbwelle, also dem einmaligen Hin- und Herpendeln der Elektronen. Als Amplitude bezeichnet man den absoluten ( positiven oder negativen ) Scheitelwert der Halbwelle. Die Spannung ist bei einer Wechselstromquelle in jedem Augenblick verschieden. Es gibt sogar Momente ohne Spannung (bei Nulldurchgang, Wechsel von positiver zu negativer bzw. negativer zu positiver Halbwelle).

Auf Grund der Spannungsänderung ändert sich auch die Stromstärke. Entsprechend ändert sich auch die Leistung des Stromes. Wichtig ist bei Wechselspannung der im zeitlichen Mittel wirksame Wert, der so genannte Effektivwert. Teilt man den Scheitelwert durch $\sqrt{2}$, so erhält man den Effektivwert. Umgekehrt gilt deshalb auch: der Effektivwert ist das 0,707-fache des Scheitelwertes.

**Widerstand**

Verschiedene elektrische Leiter setzen dem Stromfluss bei gleicher elektrischer Spannung einen unterschiedlichen elektrischen Widerstand entgegen. Dabei entsteht i. d. R. Wärme wegen der Reibung, die die Elektronen beim Durchfluss durch den Leiter erzeugen. Die Größe eines Widerstandes ist u.a. temperaturabhängig. Der Widerstand an sich wird z.B. durch Störungen im Aufbau des Kristallgitters in den Metallen oder durch die ungleichmäßigen Wärmeschwingungen der Atome im Leiter verursacht.

Der Widerstand eines Leiters ist vom Material und der Länge des Materials abhängig. Folgende Parameter des Leiters haben Einfluss auf den Widerstand:

- spezifischer Widerstand [$\rho$ in $\Omega \cdot mm^2/m$]
- Leitfähigkeit [$\kappa$ in $m/(\Omega \cdot mm^2)$]
- Temperaturbeiwert ($\alpha$ in $1/K$)

Der spezifische Widerstand eines Leiters gibt an, wie groß der Widerstand des Leiters bei einer Länge von $l = 1$ m und dem Leitungsquerschnitt (Durchmesser) von $A = 1$ mm$^2$ und einer Temperatur von 20°C bzw. 293 K (Kelvin) ist. Der Widerstand eines Leiters berechnet sich nach folgender Formel: $R = \rho \cdot l/A$.

- Je kleiner der Leitungsquerschnitt, desto größer ist der Widerstand.
- Je länger der Leiter (oder die Schaltung), desto größer ist der Widerstand.

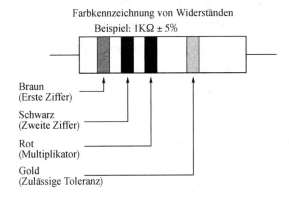

Farbkennzeichnung von Widerständen
Beispiel: 1KΩ ± 5%

Braun
(Erste Ziffer)

Schwarz
(Zweite Ziffer)

Rot
(Multiplikator)

Gold
(Zulässige Toleranz)

**Abb. 2‑1　internationale Widerstands‑Farbkennzeichnung**

**Tabelle 2‑1　Widerstandsfarbtabelle**

| Farbe | 1. Ring: Wertziffer | 2. Ring: Wertziffer | 3. Ring: Multiplikator | 4. Ring: Toleranz |
|:---:|:---:|:---:|:---:|:---:|
| farblos | — | — | — | ± 20% |
| silber | — | — | $\times 10^{-2}$ | ± 10% |
| gold | — | — | $\times 10^{-1}$ | ± 5% |
| schwarz | — | 0 | $\times 10^{0}$ | — |
| braun | 1 | 1 | $\times 10^{1}$ | — |
| rot | 2 | 2 | $\times 10^{2}$ | — |
| orange | 3 | 3 | $\times 10^{3}$ | — |
| gelb | 4 | 4 | $\times 10^{4}$ | — |
| grün | 5 | 5 | $\times 10^{5}$ | — |
| blau | 6 | 6 | $\times 10^{6}$ | — |
| violett | 7 | 7 | $\times 10^{7}$ | — |
| grau | 8 | 8 | $\times 10^{8}$ | — |
| weiß | 9 | 9 | $\times 10^{9}$ | |

Widerstände unterscheidet man unter anderem nach Art, nach Größe und nach Toleranz bzw. Abweichung. Die Größe eines Widerstandsbauteils in Ohm wird über eine auf den Widerstand gedruckten internationalen Widerstandsfarbkennzeichnung angegeben. Der erste Ring (für die Ableserichtung) ist dabei etwas näher an einem Ende des Widerstands als der letzte Ring auf der anderen Seite. Liegt an einem Widerstand eine Spannung an, wird Arbeit geleistet, es ist eine Wärmeentwicklung feststellbar. Seh-bzw. fühlbar wird der Widerstand eines elektrischen Bauteils zum Beispiel an der Glühlampe bzw. der (elektrischen) Herdplatte.

## Zusammenhang zwischen *U*, *I* und *R*

Die physikalischen Größen Strom, Spannung und Widerstand stehen in engem Zusammenhang. Es gelten folgende Beziehungen:

$$R = \frac{U}{I}, \quad U = R \cdot I, \quad I = \frac{U}{R} \tag{2-2}$$

Die Formel $U = R \cdot I$ besagt, dass der Spannungsabfall proportional zur Stärke des durch den Widerstand fließenden Stromes ist. Dieser Zusammenhang wird als Ohm'sches Gesetz bezeichnet. Durch Umformung erhält man die anderen beiden äquivalenten Formeln.

## Stromdichte

Im Zusammenhang mit dem Leitungsquerschnitt und der Stromstärke ist die Stromdichte interessant. Das Formelzeichen der Stromdichte ist Joule. $J = I/A$, $J$ wird also in $A/mm^2$ angegeben. Es ist zu beachten, dass die Stromdichte immer kleiner als die maximal zulässige Stromdichte eines Leiters ist, da dieser sonst durchbrennen (schmoren) kann.

## Leitwert

Im Zusammenhang mit dem Widerstand ist noch der Begriff des Leitwerts bzw. des Gesamtleitwerts zu nennen. Der Leitwert ist der Kehrwert des

Widerstands, also:

$$G = \frac{1}{R} \qquad (2-3)$$

Der Leitwert wird in der Einheit Siemens angegeben.

$$S = \frac{1}{\Omega} = \frac{A}{V} \qquad (2-4)$$

## Leistung

Physikalische Leistung ist definiert als Arbeit pro Zeit. Die Einheit $P$ wird angegeben in $W/t$, also in Watt. Die elektrische Leistung ist definiert als Produkt von Stromstärke und Spannung, also:

$$P = U \cdot I \qquad (2-5)$$

Beispiel:

Eine Glühlampe (als Verbraucher) sei an eine Spannungsquelle von $U = 24$ V angeschlossen. Die Leistung der Lampe sei $P = 20$ W. Mit Umformung erhält man $I = P/U$ und durch Einsetzen berechnet man den fließenden Strom $I$ mit $I = P/U = 20$ W$/24$ V $= 0,83$ A. Der Widerstand der Glühlampe berechnet sich mit der bekannten Formel ($R = U/I$).

## Elektrische Ladung

Stromfluss entsteht durch eine gerichtete Bewegung elektrischer Ladungen (Elektronen oder geladene Atome (Ionen)). Diese Ladungen rufen (auch in ruhendem Zustand) ein elektrisches Feld hervor, das eine Kraft auf andere elektrische Ladungen bewirkt.

• Ladungen können entweder positiv oder negativ sein.

• Ladungen gleichen Typs stoßen sich ab, ungleichen Typs ziehen sich an.

• Elektrische Ladungen können weder erzeugt, noch vernichtet werden, sondern nur getrennt.

## Satz von der Erhaltung der Ladung

In einem abgeschlossenen System ist die Summe der Ladungen konstant. Wenn die Summe aus positiven und negativen Ladungen größer bzw. kleiner als Null ist, überwiegen die positiven Ladungen, bzw. die negativen Ladungen.

$$Q = I \cdot t \qquad (2\text{-}6)$$

$Q$: Ladung mit der Einheit C (Coulomb)

Die kleinste elcktrische Ladung, die Elementarladung, trägt ein Elektron: $q = 1,602 \cdot 10^{-19}$ C.

Für alle Ladungen gilt: $Q = n \cdot q$ (mit $n$ als ganze Zahl).

Bei $Q = 1$ C erhält man $n = 6,25 \cdot 10^{18}$ Elementarladungen.

*Quelle: https://de.wikipedia.org/wiki/*

Ⅰ. *Fragen zum Text*

**1. Definieren Sie bitte die folgenden Grundbegriffe.**

　a. Spannung:

　b. Strom:

　c. Leistung:

**2. Welche Eigenschaften hat die elektrische Ladung?**

**3. Wie ist die Richtung des elektrischen Stromes?**

Ⅱ. *Grammatik zum Text*

**1. Verwandeln Sie das Partizip-Attribut in einen Relativsatz.**

　a. In einem <u>abgeschlossenen</u> System ist die Summe der Ladungen konstant.

_____

　b. Stromfluss entsteht durch eine <u>gerichtete</u> Bewegung elektrischer

Ladungen.

**2. Verkleinern Sie den Satz auf viele kleine Sätze.**

An einem elektrischen Leiter liegt die Spannung 1 Volt an, wenn durch diesen Leiter ein konstanter Strom der Stärke 1 A fließt und in diesem Leiter eine Leistung von 1 W in Wärme umgesetzt wird.

a. _____

b. _____

c. _____

**3. Bilden Sie das Passiv.**

a. Den von einer Gleichspannungsquelle erzeugten Strom nennt man Gleichstrom.

_____

b. Als Amplitude bezeichnet man den absoluten (positiven oder negativen) Scheitelwert der Halbwelle.

_____

**4. Bilden Sie mit den folgenden Wörtern sinnvolle Sätze.**

a. der, an einer Spannungsquelle, wird, Kondensator, angeschlossen, lädt … auf, er, sich

_____

b. die, Spannungsunterschiede, durch äußere Energiezufuhr, werden, immer, erzeugt

_____

c. Stromrichtungen, werden, vom Plus- zum Minuspol, durch Pfeile, angegeben

_____

**Ⅲ. *Übersetzen Sie die folgenden Sätze ins Chinesische*.**

1. Verschiedene elektrische Leiter setzen dem Stromfluss bei gleicher elektrischer Spannung einen unterschiedlichen elektrischen Widerstand entgegen.

   _____

   _____

2. Liegt an einem Widerstand eine Spannung an, wird Arbeit geleistet, es ist eine Wärmeentwicklung feststellbar.

   _____

   _____

3. Es ist zu beachten, dass die Stromdichte immer kleiner als die maximal zulässige Stromdichte eines Leiters ist, da dieser sonst durchbrennen (schmoren) kann.

   _____

   _____

**Ⅳ. *Hören Sie zu und ergänzen Sie*.** 🎧

Elektrischer Strom _____ auf Grund von _____ zwischen den _____ einer Spannungsquelle. Man spricht hier auch von _____. Der Strom fließt dabei _____ vom _____ durch die elektrischen _____ zum _____ einer Spannungsquelle. Man spricht von der physikalischen _____. Oft spricht man auch von der _____, die vom Pluspol zum Minuspol gerichtet ist und damit der physikalischen Stromrichtung _____ ist. In Stromlaufplänen ist man bei der technischen Stromrichtung _____ und zeichnet die _____ von plus nach minus, z.B. bei Dioden und Transistoren. Der Spannungsunterschied _____, wie viel Energie _____ ist, um den Spannungsunterschied zu _____ bzw. wie viel Energie _____ wird, wenn der Spannungsunterschied _____ wird.

*Quelle：https://gesa - de . webnode . com/ - filesl 200000133 - 44b2d45ab2/*

*Elektrotechnikl.pdf*

## Text B 〉 Grundschaltungen

Eine Schaltung besteht aus mechanischen (z.B. Leitungen) und elektrischen (z.B. Stromquelle, Verbraucher) Komponenten die miteinander verbunden sind. Die Schaltung verbindet dabei die Pole der Spannungsquelle. Ist die Schaltung ein Stromkreis, sind also die Pole der Spannungsquelle miteinander verbunden und die Verbraucher dazwischen geschaltet, spricht man von einem geschlossenen Stromkreis. Dieser ermöglicht den Elektronenfluss vom Minus- zum Pluspol.

### Kurzschluss

Von einem Kurzschluss spricht man, wenn die Pole der Spannungsquelle miteinander ohne zwischengeschaltete Verbraucher verbunden sind. Dies führt i.d.R. zu einer Überlastung der Quelle und/oder zu einem Durchbrennen der Leitungen. Im Haushalt sorgt ein FI-Schalter oder Schutzschalter für die Unterbrechung der Stromversorgung bei einem Kurzschluss, um Schaden vorzubeugen.

### Reihenschaltung

Als Reihen- oder Serienschaltung bezeichnet man die Hintereinanderschaltung mehrerer Elemente in einem einzigen unverzweigten Leiter (abschnitt) bzw. Stromkreis. Bei einer Reihenschaltung liegt an allen Bauteilen der gleiche Strom an, die Spannung ist jedoch nicht auf dem gesamten Leitungsabschnitt konstant. Je nach Art des Bauelements ergeben sich dadurch unterschiedliche Effekte für Spannung, Stromstärke und Widerstände, die nachfolgend kurz beschrieben werden sollen.

## Reihenschaltung von Spannungsquellen

Schaltet man verschiedene Spannungsquellen (mit möglicherweise unterschiedlichen Einzelspannungen) in Reihe (Serie), addieren sich die einzelnen Quellspannungen zu einer Gesamtspannung. Gleiches gilt für die Innenwiderstände der Spannungsquellen (jedes Bauelement, auch Spannungsquellen, haben einen Widerstand).

Beispiel:

Schaltet man eine normale AAA-Batterie (Mignon, 1,5 V) und einen 9,0 V Block in Serie, so ist die Quellenspannung 10, 5 Volt. Man kann sich die Hintereinanderschaltung als Black Box vorstellen, die neue Spannung der Black Box ist die Summe der Einzelspannungen. Es gilt folgende Gesetzmäßigkeit für die Reihenschaltung $n$ beliebiger Spannungsquellen:

$$U_{\text{gesamt}} = U_1 + U_2 + \cdots + U_n \qquad (2\text{-}7)$$

Durch die Kombination verschiedener einzelner Spannungsquellen kann man die gewünschte Gesamtspannung erhalten.

## Maschensatz (zweites Kirchhoff'sche Gesetz)

In einer Masche, d.h. in einer Reihenschaltung elektrischer Bauelemente, ist die Summe der Einzelspannungen Null. Zur Festlegung der Vorzeichen wird für eine Masche zunächst ein Umlaufsinn festgelegt. Spannungsfälle (Spannungspfeile), die im Umlaufsinn der Masche abfallen, erhalten ein positives Vorzeichen; Spannungspfeile entgegen des Maschenumlaufes erhalten entsprechend ein negatives Vorzeichen.

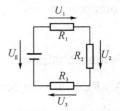

Abb. 2-2　Maschensatz

Beispiel:

$$U_1 + U_2 + U_3 - U_g = 0 \qquad (2\text{-}8)$$

## Reihenschaltung von Widerständen

Bei der Reihenschaltung von Widerständen in einem einzigen unverzweigten

Stromkreis（Leiterabschnitts）addieren sich die Einzelwiderstände zu einem Gesamtwiderstand. Es gilt für $n$ beliebige Widerstände:

$$R = R_1 + R_2 + \cdots + R_n \qquad (2\text{-}9)$$

Bei der Reihenschaltung fließt durch alle Widerstände der gleiche Strom, da der Stromkreis unverzweigt ist. Für die Spannung $U_i$ am Widerstand $R_i$ gilt:

$$U_i = R_i \cdot I \qquad (2\text{-}10)$$

Für die Spannung gilt bei $n$ Widerständen:

$$U = U_1 + U_2 + \cdots + U_n \qquad (2\text{-}11)$$

In diesem Zusammenhang ist die Kirchhoff'sche Maschenregel von Bedeutung.

## Parallelschaltung

Bei der Parallelschaltung liegt an allen Bauteilen die gleiche Spannung an, der Strom jedoch verzweigt sich auf die parallelen Leitungen. Je nach Art des Bauelements ergeben sich durch die Parallelschaltung unterschiedliche Effekte für Spannung, Stromstärke und Widerstände, die nachfolgend kurz beschrieben werden sollen.

## Parallelschaltung von Spannungsquellen

Schaltet man verschiedene Spannungsquellen parallel, d. h. die Schaltung verzweigt sich in die zu verwendenden Spannungsquellen und vereint sich nach diesen wieder, dann bleibt die Spannung konstant. Es erhöht sich der maximal mögliche Gesamtstrom.

Bei der Verwendung von Spannungsquellen mit unterschiedlichem Potenzial ist zu beachten, dass zwischen den Spannungsquellen ein (i.d.R. unerwünschter) Ausgleichstrom/Verluststrom fließt. Der Grund für den Ausgleichsstrom liegt in den unterschiedlichen Potenzialen der Spannungsquellen die durch den Verluststrom ausgeglichen werden. In der Praxis verwendet man für die Parallelschaltung von Spannungsquellen also nur Quellen mit gleicher

Quellenspannung. Der Strom $I$ der von $n$ Spannungsquellen erzeugt wird, wird nach folgender Formel berechnet:

$$I = I_1 + I_2 + \cdots + I_n \qquad (2\text{-}12)$$

Für den Gesamtwiderstand gilt für $n$ beliebige Spannungsquellen:

$$\frac{1}{R} = \frac{1}{R_1} + \frac{1}{R_2} + \cdots + \frac{1}{R_n} \qquad (2\text{-}13)$$

## Parallelschaltung von Widerständen

Bei der Parallelschaltung von $n$ beliebigen Widerständen liegt an allen $n$ Widerständen die gleiche Spannung $U$ an. Der Strom verzweigt sich (parallel) auf die Widerstände. Die Summe der Teilströme an den $n$ Widerständen ergibt in Summe den Gesamtstrom $I$. Es gelten folgende Gesetzmäßigkeiten:

$$I = I_1 + I_2 + \cdots + I_n, \quad \frac{1}{R} = \frac{1}{R_1} + \frac{1}{R_2} + \cdots + \frac{1}{R_n} \qquad (2\text{-}14)$$

Der Gesamtwiderstand der Parallelschaltung ist kleiner als der größte Einzelwiderstand (wie man aus der Berechnung der Summe sieht). Die Parallelschaltung von Widerständen ist ein Stromteiler. Die Stromstärken parallel geschalteter Widerstände verhalten sich umgekehrt wie die zugehörigen Widerstände. In diesem Zusammenhang ist die Kirchhoff'sche Knotenregel von Bedeutung.

## Knotenpunktregel (erstes Kirchhoff'sche Gesetz)

In einer Parallelschaltung verzweigt sich der Strom an den Knotenpunkten. Die Summe der Teilströme ist gleich dem Gesamtstrom. Unter der Voraussetzung, dass alle auf einen Knotenpunkt zufließenden Ströme ein positives Vorzeichen erhalten und alle wegfließenden Ströme ein

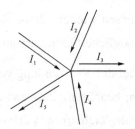

$$I_1 + I_2 + I_4 = I_3 + I_5,$$
$$I_1 + I_2 + I_4 - I_3 - I_5 = 0.$$

**Abb. 2-3　Knotenpunktregel**

negatives Vorzeichen erhalten, gilt unter Beachtung der Vorzeichen:

$$I_1 + I_2 + I_3 + \cdots + I_n = 0 \qquad (2\text{-}15)$$

## Spannungsteiler

Ein Spannungsteiler ist, wie der Name bereits sagt, eine Vorrichtung aus (passiven elektronischen) Bauteilen zur Reduzierung einer Ausgangsspannung auf eine niedrigere Endspannung, z.B. um ein Bauteil nicht zu überlasten. Der einfachste Spannungsteiler ist eine Reihenschaltung zweier nicht unbedingt gleich großer Widerstände $R_1$ und $R_2$. Die Spannung fällt dann im Verhältnis der Größe der Widerstände zueinander ab, wobei $U_1$ die (parallel zu) $R_1$ gemessene Spannung ist und $U_2$ die (parallel zu) $R_2$ gemessene Spannung ist. Es gilt:

$$\frac{R_1}{R_2} = \frac{U_1}{U_2} \text{ bzw. } \frac{U_1}{R_1} = \frac{U_2}{R_2} \qquad (2\text{-}16)$$

Für die Spannungen $U_1$, $U_2$ und die Ausgangsspannung gilt nicht immer:

$$U = U_1 + U_2 \qquad (2\text{-}17)$$

Obige Formel für die Spannung gilt nur bei zwei gleich großen Widerständen. Werden statt konstanten Widerständen regelbare Potentiometer eingesetzt, spricht man von einem einstellbaren Spannungsteiler.

## Vorwiderstand

Ein Vorwiderstand ist ein einem elektronischen Bauteil vorgeschalteter Widerstand mit dem Zweck, die Spannung für das nachgeschaltete Bauteil zu reduzieren. Es fällt ein Teil der Eingangsspannung am Vorwiderstand ab, die Eingangsspannung für das nachgeschaltete Bauteil wird somit reduziert.

Beispiel:

LEDs benötigen in der Regel Vorwiderstände, da sie eine niedrigere Spannung benötigen als die meisten Spannungsquellen liefern.

## Gemischte Schaltungen

Man spricht von gemischten Schaltungen, wenn sowohl eine Reihen- als auch Parallelschaltung von Bauelementen vorliegt.

**Tabelle 2-2    Symbole für Schaltzeichen**

| Symbol | Benennung | Muttersprache |
|:---:|:---:|:---:|
| $\text{V}$ | Spannungsmessgerät | 电压表 |
| $\text{A}$ | Strommessgerät | 电流表 |
| $\otimes$ | Leuchtmelder | 信号灯 |
| ⏚ | Schaltzeichen für Erde | 接地 |
| ⊖ | ideale Stromquelle | 理想电流源 |
| ⊣⊢ | Batterie | 电池 |
| ⊖ | ideale Spannungsquelle | 理想电压源 |
| ▭ | Widerstand | 电阻 |
| ▱ | Fotowiderstand | 光敏电阻 |

*Quelle：http：//www.elektronik-kompendium.de*

Ⅰ. *Fragen zum Text*

**Definieren Sie bitte folgende Grundbegriffe.**

a. Kurzschluss

b. Parallelschaltung

c. Reihenschaltung

Ⅱ. *Grammatik zum Text* — *Konditionalsatz*

**Formen Sie die Sätze um.**

a. Schaltet man verschiedene Spannungsquellen in Reihe, addieren sich die einzelnen Quellspannungen zu einer Gesamtspannung.

_____

_____

b. Ist die Schaltung ein Stromkreis, sind also die Pole der Spannungsquelle miteinander verbunden.

_____

_____

c. Werden statt konstanten Widerständen regelbare Potentiometer eingesetzt, spricht man von einem einstellbaren Spannungsteiler.

_____

_____

Ⅲ. *Übersetzen Sie die folgenden Sätze ins Chinesische.*

1. Ist die Schaltung ein Stromkreis, sind also die Pole der Spannungsquelle miteinander verbunden und die Verbraucher dazwischengeschaltet, spricht man von einem geschlossenen Stromkreis.

_____

_____

2. Bei einer Reihenschaltung liegt an allen Bauteilen der gleiche Strom an, die Spannung ist jedoch nicht auf dem gesamten Leitungsabschnitt konstant.

_____

_____

3. Der Grund für den Ausgleichsstrom liegt in den unterschiedlichen Potenzialen der Spannungsquellen die durch den Verluststrom ausgeglichen werden.

_____

Ⅳ. *Hören Sie zu und ergänzen Sie.*

Eine _____ ist der Zusammenschluss von _____ und insbesondere _____ Bauelementen zu einer funktionierenden Anordnung. Eine elektronische Schaltung _____ von einer elektrischen Schaltung durch dic _____ elektronischen Bauelementen. Elektronische Schaltungen können sehr einfache _____. Aber auch vielen _____ Geräten, wie z. B. Fernsehern oder Computern _____ elektronische Schaltungen _____, häufig in Form von _____ Schaltungen. Elektronische Schaltungen werden _____ in Form eines Schaltplanes _____.

*Quelle: https://de.wikipedia.org/wiki/Elektrische_Schaltung*

## Text C  Wechselstrom und Wechselspannung

Tesla ist der Entdecker von Wechselstrom und Drehstrom. Beide haben schnell weltweite Anwendung gefunden. Ohne diese Entdeckung von Tesla, die es erst möglich machte, elektrischen Strom über viele Hunderte von Kilometern zu übertragen, gäbe es die heutige Selbstverständlichkeit der Elektrizität mit ihren enorm vielseitigen Anwendungen nicht.

Bei Wechselstrom und Wechselspannung spricht man von elektrischen Größen, die in den Einheiten Ampere (A) und Volt (V) angegeben werden, deren Werte sich im Verlauf der Zeit ($t$) regelmäßig wiederholen. Der Wechselstrom ist ein elektrischer Strom, der periodisch seine Polarität (Richtung) und seinen Wert (Stromstärke) ändert. Dasselbe gilt für die Wechselspannung. Es gibt verschiedene Arten von Wechselstrom. Reine Wechselgrößen sind die Rechteckspannung, die Sägezahnspannung, die Dreieckspannung und die Sinusspannung (Welle) oder eine Mischung aus allen diesen Varianten.

In der Elektrotechnik werden hauptsächlich Wechselspannungen mit sinusförmigem Verlauf verwendet. Beim sinusförmigen Kurvenverlauf treten die geringsten Verluste und Verzerrungen auf. Deshalb werden die folgenden Beschreibungen des Wechselstromes und der Wechselspannung anhand des sinusförmigen Kurvenverlaufs erklärt. Wechselspannung wird durch Generatoren in Kraftwerken erzeugt. Dabei dreht sich ein Roter im Generator um 360 Grad. Dadurch entsteht eine Spannung mit wechselnder Polarität, also ein sinusförmiger Verlauf.

Die wichtigste Wechselspannung ist 230 Volt aus unserem Stromnetz. Es hat eine Frequenz von 50 Hz. Das sind 50 Umdrehungen in der Sekunde eines Rotors im Generator. Kennwerte der Sinusspannung sind Augenblickswert und Amplitude, Periode und Frequenz.

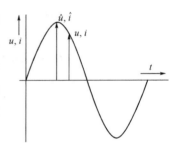

**Abb. 2-4    Augenblickswert
und Amplitude**

Da eine Wechselspannung nie einen konstanten Spannungswert hat, spricht man bei elektrischen Wechselgrößen, deren Zeitabhängigkeit gezeigt werden soll, von Augenblickswerten (Momentanwerten). Diese Augenblickswerte werden durch einen Kleinbuchstaben (Formelzeichen) angegeben.

Maximal- bzw. Scheitelwerte der Amplitude von sinusförmigen zeitabhängigen Wechselgrößen werden durch ein Dach über dem Formelzeichen gekennzeichnet. Beispiele dazu wären die Spannung $\hat{u}$ (sprich: u-Dach) und der Strom $\hat{\imath}$ (sprich: i-Dach). Bei bekanntem Scheitelwert lässt sich bei jedem beliebigen Drehwinkel $\lambda$ ( = 0° ⋯ 360°) der Augenblickswert berechnen.

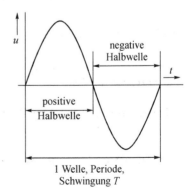

**Abb. 2-5    Periode und Frequenz**

$$u = \hat{u} \sin \lambda, \quad i = \hat{i} \sin \lambda \qquad (2\text{-}18)$$

Die positive und die negative Halbwelle einer Schwingung bezeichnet man als Periode. Die Zeit, die zum Durchlaufen der Periode benötigt wird, ist die Periodendauer $T$. Die Periodendauer $T$ wird in Sekunden angegeben.

Die Frequenz gibt die Zahl der Perioden an, die in einer Sekunde durchlaufen werden. Die Frequenz wird in Hertz（Hz）angegeben. Die Frequenz ist der Kehrwert der Periodendauer. Das bedeutet, die Frequenz ist umso größer, je kleiner die Periodendauer ist.

$$Frequenz \ f = \frac{1}{Periodendauer \ T}, \quad f = \frac{1}{T} \qquad (2\text{-}19)$$

$$Periodendauer \ T = \frac{1}{Frequenz \ f}, \quad T = \frac{1}{f} \qquad (2\text{-}20)$$

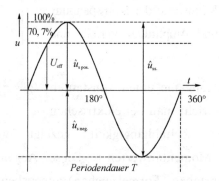

**Abb. 2-6  Kennwerte einer Sinuskurve**

*Quelle：http：// www.elektronik-kompendium .de / sites / grd / 0208071 .htm*

Ⅰ. *Fragen zum Text*

1. Definieren Sie den Begriff Wechselspannung.

2. Nennen Sie vier reine Wechselgrößen.

3. Wodurch entsteht eine Wechselspannung?

4. Wie kann der Augenblickswert berechnet werden?

II . *Grammatik zum Text*

**Ergänzen Sie die Lücken mit den nachfolgenden Präpositionen.**

aus; mit; von; in; bei; für; durch; als; ohne; über

a. Die positive und die negative Halbwelle einer Schwingung bezeichnet man _____ Periode.

b. _____ elektrischen Wechselgrößen, deren Zeitabhängigkeit gezeigt werden soll, spricht man _____ Augenblickswerten.

c. Die Frequenz gibt die Zahl der Perioden an, die _____ einer Sekunde durchlaufen werden.

d. _____ diese Entdeckung von Tesla gäbe es die heutige Selbstverständlichkeit der Elektrizität _____ ihren enorm vielseitigen Anwendungen nicht.

e. Reine Wechselgrößen sind eine Mischung _____ allen diesen Varianten.

f. Wechselspannung wird _____ Generatoren in Kraftwerken erzeugt.

g. Dasselbe gilt _____ die Wechselspannung.

h. Elektrischer Strom wird _____ viele Hunderte von Kilometern übertragen.

III . *Übersetzen Sie die folgenden Sätze ins Chinesische.*

1. In der Elektrotechnik werden hauptsächlich Wechselspannungen mit sinusförmigem Verlauf verwendet.

_____

2. Maximal- bzw. Scheitelwerte der Amplitude von sinusförmigen zeitabhängigen Wechselgrößen werden durch ein Dach über dem Formelzeichen gekennzeichnet.

_____

3. Die Frequenz gibt die Zahl der Perioden an, die in einer Sekunde durchlaufen werden.

_____

4. Die Frequenz ist umso größer, je kleiner die Periodendauer ist.

_____

**IV. Hören Sie zu und ergänzen Sie.** 🎧

Der _____ oder auch im Englischen RMS-Wert gibt für elektrische _____ und Wechselströme den Wert an, den eine Gleichspannung beziehungsweise _____ haben müsste, um dieselbe _____ in einem rein ohm'schen Verbraucher _____.

Eine _____ von 5V erzeugt in einem Widerstand also dieselbe _____ wie eine Wechselspannung mit einem Effektivwert won 5V. Dabei ist die _____ des Effektivwerts abhängig von der _____ der Wechselspannung (Sinus, Rechteck, Dreieck).

*Quelle: https://studyflix.de/elektrotechnik/effektivwert-1592*

## Lückentest

1. _____ bilden mit Protonen und Neutronen die Atome.
2. Die grundlegende Größe der Elektrizitätslehre ist die elektrische _____. Sie wird in Coulomb (C) gemessen.
3. Man kann die Ladung aus der _____ und der Zeit berechnen.
4. Das Formelzeichen für eine _____ ist L. Die Maßeinheit ist die SI-Einheit Henry in [V s /A].
5. _____ sind Bauelemente, die elektrische Ladungen bzw. elektrische Energie speichern können.
6. Die elektrische _____ wird in der abgeleiteten SI-Einheit Farad gemessen.
7. Mit Hilfe des Ohm'schen Gesetzes lassen sich die drei Grundgrößen eines Stromkreises berechnen, wenn mindestens zwei davon bekannt sind. Die

drei Grundgrößen sind _____, _____ und _____.

8. Eine elektrische Spannung hat immer zwei Pole, zwischen denen eine _____ vorliegt.

9. Die Amplitude ist die maximale Auslenkung einer _____ Wechselgröße.

10. Der _____ entspricht dem Wert der Gleichspannung, der die gleiche Wirkung hat wie das entsprechende Quadrat der Wechselspannung.

11. Das Formelzeichen des _____ ist das große G. Ein Verbraucher mit einem kleinen Widerstand leitet den Strom gut.

12. Die abgeleitete SI-Einheit der elektrischen _____ ist S/m (Siemens pro Meter), also A/ (V · m).

13. Ladungen gleichen Typs _____, ungleichen Typs _____.

14. In einem abgeschlossenen System ist die Summe der Ladungen _____.

15. Die _____ ist immer kleiner als die maximal zulässige Stromdichte eines Leiters, da dieser sonst _____ (schmoren) kann.

16. Den von einer Gleichspannungsquelle erzeugten Strom nennt man _____.

17. Die _____ der Spannungsquelle wird in der Einheit Hertz (Hz) angegeben.

## Vokabelliste

| die | Ableserichtung, -en | 读数方向 |
| die | Abweichung, -en | 偏移量 |
| die | Amplitude, -n | 振幅 |
| das | Bauelement, -e | 组成部分,组成元素 |
| das | Bauteil, -e | 配件,零件 |
| der | Bezugspunkt, -e | 参考点,基准点 |
| der | Drehwinkel, - | 转向角 |
| die | Dreieckspannung, -en | 三角波形电压 |

| der | Effektivwert，-e | 有效值,均方根值 |
| die | Elektrizität | 电 |
| die | Energieerhaltung | 能量守恒 |
| die | Farbkennzeichnung，-en | 颜色标记 |
| der | FI-Schalter，- | 故障电流安全开关 |
| der | Generator，-en | 发电机 |
| die | Gesetzmäßigkeit，-en | 规律 |
| die | Gleichspannung | 直流电压 |
| die | Halbwelle，-n | 驱动半轴,交替,轮流 |
| der | Kennwert，-e | 参数,特性值 |
| die | Kirchhoff'sche Maschenregel，-n | 基尔霍夫第二定律 |
| die | Knotenregel，-n | 节点定律 |
| die | Kombination，-en | 联合,组合 |
| die | Komponente，-n | 组件,部件 |
| das | Kristallgitter，- | 晶格 |
| der | Kurzschluss，¨e | 短路 |
| die | Ladung，-en | 电荷 |
| der | Ladungsträger，- | 带电粒子 |
| die | Leitfähigkeit | 传导性 |
| der | Leitwert，-e | 电导 |
| der | Nulldurchgang，¨e | 交零,平衡点 |
| der | Pol，-e | 电极 |
| die | Polarität，-en | 极性 |
| das | Potentiometer，- | 分压器,电位计 |
| der | Quotient，-en | 商 |
| die | Rechteckspannung，-en | 矩形波电压 |
| die | Reihenschaltung，-en | 串联 |
| der | Rotor，-en | 转子 |
| die | Sägezahnspannung，-en | 锯齿波形电压 |
| die | Schaltung，-en | 电路,线路 |
| die | Schaltungstechnik，-en | 线路技术 |

| | | |
|---|---|---|
| der | Scheitelwert, -e | 峰值,最大值 |
| die | Schwingung, -en | 振动,电磁波 |
| die | Sinusspannung, -en | 正弦波形电压 |
| die | Spannungsquelle, -n | 电源 |
| die | Spannungsspitze, -n | 电压峰值 |
| der | Stromkreis, -e | 电路,回路 |
| die | Stromversorgung, -en | 供电 |
| der | Temperaturbeiwert, -e | 温度系数 |
| die | Toleranz, -en | 公差,允许误差 |
| die | Überführungsarbeit, -en | 传递能 |
| die | Überlastung, -en | 超负荷 |
| die | Umdrehung, -en | 圈数 |
| die | Unterbrechung, -en | 中断,切断 |
| der | Verbraucher, - | 负载,载荷 |
| der | Verlauf, ⸚e | 走向 |
| die | Verlustleistung, -en | 功率损耗,输出功率 |
| die | Verzerrung, -en | 变形 |
| die | Vorrichtung, -en | 装置,设备 |
| der | Vorwiderstand, ⸚e | 串联电阻 |
| das | Vorzeichen, - | 符号 |
| die | Wärmeentwicklung, -en | 变热,变暖 |
| die | Wechselspannung, -en | 交流电压 |
| das | Wellental, ⸚er | 波谷 |
| | abfallen | 下降,落下 |
| | absolut | 绝对的 |
| | anschaulich | 直观的,明显的 |
| | anschließen | 接通,连接 |
| | äquivalent | 相当的,等效的 |
| | auffüllen | 补足,填满 |
| | aufwenden | 使用,耗费 |
| | behaften | 使对……负责 |

| | |
|---|---|
| besagen | 说明，表明 |
| bildlich | 图示的 |
| bleibend | 剩余的，留下的 |
| durchbrennen | 烧穿，熔化 |
| entgegensetzen | 对立，相反 |
| erbringen | 引起，产生 |
| ergeben， | |
| sich aus etw.（D）ergcbcn | 产生，得出 |
| feststellbar | 可确定的，可识别的 |
| hin und her | 来回地，往复地 |
| i.d.R. = in der Regel | 通常，按照惯例 |
| kappen | 剪断 |
| mechanisch | 力学的，机械的 |
| nachgeschaltet | 后置的，串接的 |
| pendeln | 摆动，振荡 |
| proportional | 成比例的 |
| schalten | 接通，连接 |
| schmoren | 溶蚀 |
| spezifisch | 单位的 |
| u.a.= unter anderem | 此外，另外 |
| überwinden | 克服，消除 |
| vereinen | 联合，统一 |
| verzweigt | 分支的 |
| vorbeugen，einer Sache vorbeugen | 预防，防止 |
| vorgeschaltet | 预接通的，串联的 |
| zeitabhängig | 取决于时间的 |
| zugehörig | 附属的，属于的 |
| zulässig | 允许的，许可的 |
| zurückerhalten | 收回，取回 |
| zurückführen | 归属，化……为 |
| zusammenrücken | 推进，靠拢 |

# Thema 3

## Elektromagnetische Felder

### Text A ⟩ Elektrische Felder

Wenn sich zwei entgegengesetzt gepolte, spannungsführende Leiter gegenüber liegen, dann bildet sich dazwischen ein elektrisches Feld. Elektrische Felder sind überall da vorhanden, wo sich elektrische Spannungen befinden. Zum Stromfluss kommt es dann, wenn die elektrische Feldstärke bzw. die Dichte der Feldlinien groß genug sind — im Regelfall aber nur dann, wenn der Raum zwischen den Polen leitfähig wird. Ist die Feldstärke groß genug, dann kommt es zur Funkenentladung. So etwas passiert zum Beispiel bei einem Gewitter, wenn es blitzt. Diesen Effekt macht man sich zum Beispiel bei der Zündkerze im Auto zunutze.

Es gibt jedoch unterschiedliche elektrische Felder. Bei einer Gleichspannung kommt es zu einem statischen elektrischen Gleichfeld. Bei einer Wechselspannung kommt es zu einem dynamischen elektrischen Wechselfeld. Unterschieden wird zwischen nieder- und hochfrequenten Feldern. Die Wechselspannung aus der Steckdose ist ein niederfrequentes Wechselfeld (mit 50 Hz). Die elektrische Feldstärke wird in Volt pro Meter (V/m) angegeben. Grundsätzlich sind wir ständig elektrischen Feldern ausgesetzt. Elektrische Felder sind bemüht, Ladungen zu bewegen, die sich in einem Stromfluss äußern. Der menschliche Körper ist als elektrischer Leiter zu verstehen, auch wenn er kein besonders guter Leiter ist.

Unter dem Einfluss von elektrischen Feldlinien kann es im menschlichen Körper zu Ladungsverschiebungen kommen. Die machen sich aber nur bei sehr hohen Feldstärken bemerkbar. Man spürt dann ein leichtes Kribbeln. Solchen hohen Feldstärken können wir aber nur in einem Umspannwerk ausgesetzt sein. In der freien Umgebung kommen sie nicht vor, auch nicht künstlich erzeugt.

Die meisten Empfindungen, die wir auf elektrische Felder zurückführen, sind Einbildung. Viel eher sind es magnetische Felder, die aber nur dann entstehen, wenn es zum Stromfluss kommt. Deshalb gilt bei elektrischen Feldern, dass sie ohne Stromfluss vollkommen unschädlich sind. Von einer Steckdose oder elektrischen Leitung, über die kein Strom fließt, geht keine Gefahr aus.

Das elektrische Feld ist ein bestimmter Zustand des Raumes um einen geladenen Körper. Auf geladene Körper, die sich in einem elektrischen Feld befinden, wirkt eine Kraft. Man hat in der Vergangenheit immer wieder darüber nachgedacht, auf welche Weise die gegenseitige Kraftausübung zwischen zwei geladenen Körpern vonstattengeht. So glaubte man für eine gewisse Zeit an die Ausbreitung elektrischer Stoffe oder hielt es für möglich, dass zwei Probeladungen ganz direkt und unmittelbar ihre gegenseitige Anwesenheit auch über große Entfernungen hinweg „spüren".

Die heute bekannten experimentellen Untersuchungsresultate haben diese Auffassungen widerlegt. Lädt man einen Körper schlagartig auf, dann macht sich dieser Ladungsvorgang an einem weit entfernten Probekörper erst nach einer gewissen Zeit bemerkbar. Die Information über die Aufladung des Körpers breitet sich mit Lichtgeschwindigkeit im Raum aus.

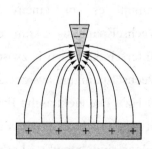

Abb. 3-1　Feldlinienbild eines elektrischen Feldes zwischen einer geladenen Platte und einer geladenen Spitze

Diese und weitere Erkenntnisse führten zum Begriff des elektrischen Feldes. Hinter diesem Begriff verbirgt sich folgende Vorstellung: Die heutige Physik sieht den Raum nicht nur einfach als ein Volumen an, in dem sich Körper befinden und bewegen, sondern betrachtet den Raum selbst als physikalisches Objekt, das demzufolge auch physikalische Eigenschaften besitzt. Wird ein Körper elektrisch geladen, dann verändern sich um ihn herum die physikalischen Eigenschaften des Raumes. Der Raum gerät in einen neuen physikalischen Zustand.

Den Zustand des Raumes um einen geladenen Körper und damit natürlich auch den Raum mit seinen veränderten Eigenschaften selbst bezeichnet man als elektrisches Feld. Das elektrische Feld breitet sich mit Lichtgeschwindigkeit aus. Der englische Physiker M. Faraday entwickelte als Erster grundlegende Vorstellungen zum elektrischen Feld. Er veranschaulichte sich elektrische Felder mithilfe von Feldlinien.

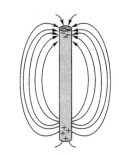

Abb. 3-2    Feldlinienbild eines Dipols

## Eigenschaften des elektrischen Feldes

Zu den wesentlichen Eigenschaften des elektrischen Feldes zählen seine Stärke, die man auch als elektrische Feldstärke bezeichnet, seine Gerichtetheit, seine Ausbreitungsgeschwindigkeit ($c = 300\,000$ km/s) und die Tatsache, dass jede zeitliche Veränderung eines elektrischen Feldes immer auch ein magnetisches Feld hervorruft.

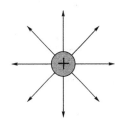

Abb. 3-3    Feldlinienbild um eine Punktladung

## Arten von elektrischen Feldern

Elektrische Felder, die sich zeitlich nicht verändern, nennt man elektrostatische Felder. Jede ruhende Ladung ist stets von einem elektrostatischen

Feld umgeben. Die geometrischen Eigenschaften eines elektrischen Feldes werden immer auch von der Oberflächenform desjenigen Körpers bestimmt, auf dem sich die felderzeugenden Ladungen befinden. Punktladungen oder kugelförmige Körper haben radialsymmetrische Felder. In einem Plattenkondensator herrscht ein homogenes Feld, das an allen Ortcn innerhalb des Kondensators die gleichen Eigenschaften besitzt.

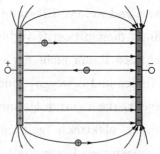

**Abb. 3-4　Feld eines Plattenkondensators: Zwischen den Platten existiertein homogenes Feld, also ein Feld, dessen Stärke überall gleich groß ist.**

*Quelle: http://www.elektronik-kompendium.de/sites/grd/0205141.htm*

## I. *Fragen zum Text*

1. Was versteht man unter dem Begriff elektrisches Feld?

2. Welche Eigenschaft hat das elektrische Feld?

3. Welche Arten von elektrischen Feldern gibt es?

## II. *Grammatik zum Text — Reflexive Verben*

**Ergänzen Sie bitte mit folgenden Wörtern.**

sich verbergen　　sich veranschaulichen　　sich ausbreiten　　sich befinden
sich bilden　　sich zunutze machen　　sich liegen　　sich äußern
sich verändern

a. Wenn _____ zwei entgegengesetzt gepolte, spannungsführende Leiter gegenüber _____, dann _____ dazwischen ein elektrisches Feld.

b. Diesen Effekt _____ man _____ zum Beispiel auf bei der Zündkerze im Auto _____.

c. Elektrische Felder sind bemüht Ladungen zu bewegen, die _____ in einem Stromfluss _____ .

d. Elektrische Felder, die _____ zeitlich nicht _____ , nennt man elektrostatische Felder.

e. Auf geladene Körper, die _____ in einem elektrischen Feld _____ , wirkt eine Kraft.

f. Die Information über die Aufladung des Körpers _____ mit Lichtgeschwindigkeit im Raum _____ .

g. Hinter diesem Begriff _____ folgende Vorstellung

h. Er _____ elektrische Felder mithilfe von Feldlinien.

Ⅲ. *Übersetzen Sie die folgenden Sätze ins Chinesische.*

1. Zum Stromfluss kommt es dann, wenn die elektrische Feldstärke bzw. die Dichte der Feldlinien groß genug sind.

_____

2. Ist die Feldstärke groß genug, dann kommt es zur Funkenentladung.

_____

3. Bei einer Wechselspannung kommt es zu einem dynamischen elektrischen Wechselfeld.

_____

4. Die heute bekannten experimentellen Untersuchungsresultate haben diese Auffassungen widerlegt.

_____

5. Den Zustand des Raumes um einen geladenen Körper und damit natürlich auch den Raum mit seinen veränderten Eigenschaften selbst bezeichnet man als elektrisches Feld.

_____

Ⅳ. *Hören Sie zu und ergänzen Sie.*

Ein _____ ist ein unsichtbares _____ , das durch sich gegenseitig

_____ und _____ elektrische _____ gebildet wird. Die _____ der elektrischen _____ ist Volt pro Meter（V/m）. Die Stärke eines elektrischen Feldes _____ mit zunehmender _____ von der Quelle _____. Statische elektrische Felder, auch als _____ bekannt, sind elektrische Felder, die sich _____ nicht verändern. Statische elektrische Felder werden _____ elektrische Ladungen _____. Sie _____ von Feldern, die ihre _____ und _____ in einem bestimmten _____ verändern, so wie beispielsweise die, die von Geräten, die mit _____ betrieben werden.

_Quelle：https：//ec.europa.eu/health/scientific_committees/opinions_layman/artificial-light/de/glossar/def/elektrisches-feld.htm_

## Text B ▷ Magnetische Felder

Der Stromfluss und der Elektromagnetismus sind untrennbar miteinander verbunden. Der Zusammenhang zwischen Strom und Magnetismus kommt im Begriff „elektromagnetisch" zum Ausdruck. Zum Beispiel bei der elektromagnetischen Verträglichkeit（EMV）. Nur dort, wo ein Strom fließt, umgibt sich der Leiter mit einem Magnetfeld. Die Feldlinien sind kreisförmig um den Leiter angeordnet.

Es gibt jedoch unterschiedliche magnetische Felder. Bei Gleichstrom entsteht ein statisches magnetisches Gleichfeld. Bei Wechselstrom entsteht ein dynamisches magnetisches Wechselfeld. Bei den Wechselfeldern unterscheidet man zwischen nieder- und hochfrequenten Feldern. Geräte, die der niederfrequenten Wechselspannung angeschlossen sind, können hochfrequente Wechselfelder abgeben, beispielsweise Elektromotoren und Leuchtstofflampen.

Die Feldstärke von magnetischen Feldern wird von der magnetischen Flussdichte in Tesla（T）angegeben. In der Praxis verwendet man die Einheiten $\mu$T und mT. International hat sich die Einheit Gauß（G）für die magnetische Flussdichte durchgesetzt. 1 G entspricht $10^{-4}$ T. Damit sind 1 mT gleich 10 G. Oder 1 μT gleich 10 mG.

Der Personenschutz definiert einen Grenzwert von 1 mT für maximal 6 Stunden täglich als unschädlich. Durch Haushaltsgeräte mit großer Leistung (Staubsauger, Bohrmaschine, Fön) können Magnetfelder mit mehreren mT auftreten. In der Regel sind wir diesen Einflüssen nur kurze Zeit ausgesetzt. Eine Gefährdung ist entsprechend gering.

## Messen von elektrischen und magnetischen Feldern

Mit einem Voltmeter misst man ein elektrisches Feld. Mit einem Teslameter misst man ein magnetisches Feld. Meistens befinden sich die Messeinheiten beider Messgeräte in einem Gehäuse. So kann man elektrische und magnetische Felder mit einem Gerät messen.

Die Messgeräte sind normalerweise für einen bestimmten Frequenzbereich gebaut. Der Messfehler kann mehrere Prozent betragen. Das kann an der Toleranz des Messgeräts liegen, aber auch am menschlichen Bedienungsfehler. Grundsätzlich sind alle Messergebnisse nur unter Vorbehalt zu betrachten, wenn man keine Messungen mit eindeutigen, reproduzierbaren Messbedingungen garantieren kann.

## Magnetische Größen und Einheiten

Im Zusammenhang mit Magnetismus, Elektromagnetismus und stromdurchflossenen Leitern kommt es immer wieder zur Nennung von magnetischen Größen und Einheiten. Im Folgenden werden

Magnetische Durchflutung $\Theta$ (Magnetische Urspannung),

Magnetische Feldstärke $H$,

Magnetischer Fluss $\Phi$,

Magnetische Flussdichte $B$,

definiert und das dazugehörige Formelzeichen, die Maßeinheit und die Formel zur Berechnung aufgelistet.

## Magnetische Durchflutung Θ（Magnetische Urspannung）

Um einen stromdurchflossenen Leiter（Draht）bildet sich durch Elektronenbewegung ein Magnetfeld. Liegen, wie bei einer Spule, die stromdurchflossenen Leiter nebeneinander, steigt die magnetische Durchflutung mit der Anzahl der Spulenwindungen. Die Summe der Ströme durch die Leiter nennt man magnetische Durchflutung Θ（Theta）.

Da die magnetische Durchflutung für das magnetische Feld verantwortlich ist und die elektrische Spannung in einem Stromkreis den elektrischen Strom auslöst, wird sie auch als magnetische Urspannung bezeichnet.

Das Formelzeichen der magnetischen Durchflutung ist Θ（Theta）aus dem griechischen Alphabet.

Die Maßeinheit der magnetischen Durchflutung ist Ampere（A）oder Amperewindungen（AW）.

Formel zur Berechnung：

$$\Theta = I \cdot N \qquad\qquad (3-1)$$

*N：Windungen*

## Magnetische Feldstärke *H*

Die magnetische Durchflutung führt in einer Spule zu einem Magnetfeld. Dabei teilt sich das Magnetfeld auf und magnetisiert die Umgebung der Spule. Die magnetische Feldstärke ist die magnetische Durchflutung pro mittlerer Feldlinienlänge oder Spulenlänge.

Das Formelzeichen der magnetischen Feldstärke ist das große *H*.

Die Maßeinheit der magnetischen Feldstärke bildet sich aus der magnetischen Durchflutung（A）und der Spulenlänge/mittleren Feldlinienlänge. Daraus ergibt sich A/m.

Formel zur Berechnung:

$$H = \frac{\Theta}{l} = \frac{I \cdot N}{l} \qquad (3\text{-}2)$$

*l : mittlere Feldlinienlänge*

## Magnetischer Fluss $\Phi$ (Phi)

Obwohl in Wirklichkeit nichts fließt, vergleicht man die Summe aller magnetischen Feldlinien mit dem elektrischen Strom und nennt es den magnetischen Fluss $\Phi$ (Phi).

Das Formelzeichen des magnetischen Flusses ist $\Phi$ (Phi) aus dem griechischen Alphabet.

Die Maßeinheit des magnetischen Flusses wird aus dem Induktionsgesetz abgeleitet und lautet Voltsekunde (Vs) oder auch Weber (Wb).

## Magnetische Flussdichte *B*

Die magnetische Wirkung eines Magneten ist umso größer, je dichter der magnetische Fluss ist. Die magnetische Flussdichte *B* bildet sich aus dem magnetischen Fluss und der Querschnittsfläche des Magneten in m². In Elektromotoren und Transformatoren wird mit einer magnetischen Flussdichte von ca. 1 T gearbeitet.

Das Formelzeichen der magnetischen Flussdichte ist das große *B*.

Die Maßeinheit der magnetischen Flussdichte ist Tesla (T).

Formel zur Berechnung:

$$B = \frac{\Phi}{A} \qquad (3\text{-}3)$$

*A : Querschnittsfläche*

*Quelle : http://www.elektronik-kompendium.de/sites/grd/1003181.htm*

Ⅰ. *Fragen zum Text*

**1. Welche magnetischen Felder gibt es?**

**2. Beschreiben Sie die folgenden Größen.**

Magnetische Durchflutung $\Theta$

Magnetische Feldstärke $H$

Magnetischer Fluss $\Phi$

Ⅱ. *Grammatik zum Text* — *Präpositionen*

**Ergänzen Sie die fehlenden Präpositionen.**

Die Kraftvektoren（Feldstärkevektoren）sind Tangenten _____ den Feldlinien. Sie verlaufen definitionsgemäß _____ + _____ −; Die Richtung der Feldlinien _____ einem Punkt entspricht der Richtung der elektrischen Feldstärke, d.h. der Kraftwirkung _____ eine positive Ladung _____ diesem Punkt. Feldlinien gehen _____ positiven Ladungen _____ und laufen _____ negative Ladungen zu.

Ⅲ. *Übersetzen Sie die folgenden Sätze ins Chinesische.*

1. Der Zusammenhang zwischen Strom und Magnetismus kommt im Begriff „elektromagnetisch" zum Ausdruck.

2. Bei Gleichstrom entsteht ein statisches magnetisches Gleichfeld. Bei Wechselstrom entsteht ein dynamisches magnetisches Wechselfeld.

3. Die Messgeräte sind normalerweise für einen bestimmten Frequenzbereich gebaut. Der Messfehler kann mehrere Prozent betragen.

4. Grundsätzlich sind alle Messergebnisse nur unter Vorbehalt zu betrachten, wenn man keine Messungen mit eindeutigen, reproduzierbaren Messbedingungen garantieren kann.

---

### Ⅳ. *Hören Sie zu und ergänzen Sie.* 🎧

Ein _____ kann auf verschiedene Weise _____ werden. Die einfachste Bauweise ist zwei _____ Flächen. Die _____ eines Kondensators ist dann _____ durch _____ der Platten und _____ sowie dem die Platten _____ zwischen den Platten. Andere Kondensatorbauformen sind z.B. _____. Den Isolator zwischen leitenden Platten nennt man auch _____. Ein Kondensator ist _____ gesprochen ein _____. Wenn der Kondensator _____, ist kein _____ mehr _____, der Stromfluss wird durch den Kondensator _____. Schließt man einen _____ an dem _____ Kondensator _____, liefert dieser Strom bis er _____ und zwar genau die Menge an _____, die vorher beim Laden _____ wurde.

*Quelle: https://gesa - de.webnode.com/ - files/200000135 - 1ddb4led39/ Elektrotechnik3.pdf*

---

## Text C ▷ Elektrostatisches Feld

### Elektrische Ladung und Feldstärke

Es existieren zwei Arten von Ladungen: negative und positive Ladungen. Träger der Ladung sind Elementarteilchen. Die kleinste, unteilbare Ladung ist die Elementarladung: $e = 1,602 \cdot 10^{-19}$ C. Ladungen erzeugen Felder. Ein zeitlich unveränderliches E-Feld heißt „elektrostatisches Feld".

$$\vec{E} = \frac{F}{Q}$$

(3-4)

Definition der Feldstärke

$$[\vec{E}] = \frac{N}{As} = \frac{VAs}{Asm} = \frac{V}{m} \qquad (3-5)$$

## Elektrische Feldlinien

Mit dem von M. Faraday eingeführten Begriff der „Feldlinien" ist ein anschauliches Modell für die räumliche Gestalt eines elektrischen Feldes geschaffen. Feldlinien sind geometrische Kurven im Raum, deren Tangente an einen beliebigen Punkt die Richtung der elektrostatischen Kraft angibt. Die „Dichte" der Feldlinien kann als Maß für den Betrag der Feldstärke angesehen werden.

## Eigenschaften von Feldlinien

Feldlinien können sich nicht kreuzen, denn in jedem Raumpunkt gibt es nur einen Kraftvektor (nur eine Tangente). Es gibt unendlich viele Feldlinien. Zeichnen kann man aber nur eine begrenzte Anzahl und so wählt man eine zur Größe der Ladung proportionale Anzahl der Feldlinien (Ihre Flächendichte = Zahl der Feldlinien pro Flächeneinheit ist auf der Kugel konstant). Je dichter die Feldlinien, desto stärker ist dort die Kraftwirkung.

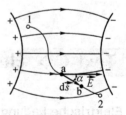

Es gibt in der Elektrostatik keine in sich geschlossenen elektrischen Feldlinien. Um eine einzelne Punktladung herum sind die Feldlinien kugelsymmetrisch verteilt. In großer Entfernung wirkt ein System von Ladungen wie eine cinzige Punktladung, deren Größe der Gesamtladung des Systems entspricht.

Abb. 3-5

## Berechnung der Spannung im E-Feld

Für das Wegelement ds gilt:

$$dU = E \cdot \cos \alpha \cdot ds = \vec{E} ds \qquad (3-6)$$

Über eine beliebig gekrümmte Linie integriert folgt:

$$\Delta\Phi = (\Phi_2 - \Phi_1) = U = \int_1^2 \vec{E}\,\mathrm{d}\vec{s}. \qquad (3\text{-}7)$$

Im statischen Feld ist $U$ unabhängig vom Weg (konservatives Feld).

## Elektrisches Potenzial

Spannungen sind Potenzialdifferenzen ( Symbol $\varphi$ ); Äquipotenziallinien und -flächen sind Raumkurven bzw. Flächen auf denen gleiches el. Potenzial herrscht.

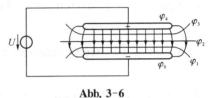

Abb. 3-6

## Der Plattenkondensator

Der Plattenkondensator ist eine Anordnung aus zwei parallel zueinander stehenden Metallplatten mit der Fläche $A$ (in Formeln ist $A$ immer die Fläche einer Platte), die im Abstand $d$ zueinander stehen. Der Plattenkondensator erzeugt im Inneren ein homogenes el. Feld und ist deshalb für Experimente und theoretische Betrachtungen besonders geeignet. Beim idealen Plattenkondensator ist der Plattenabstand klein gegenüber der Fläche der Platten.

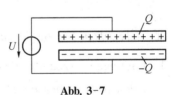

Abb. 3-7

## Definition der elektrischen Feldstärke

Auf eine Probeladung im homogenen E-Feld ( z.B. im Plattenkondensator) wirkt die Kraft $F = Q \cdot E$. Bei Bewegung von einer Platte zur anderen wird die Arbeit $W = F \cdot d = Q \cdot E \cdot d$ geleistet.

Aus $W = U \cdot I \cdot t = Q \cdot U$, folgt:

$$U = E \cdot d \qquad (3\text{-}8)$$

*Quelle: http://www.elektronik-kompendium.de*

## Ⅰ. *Fragen zum Text*

1. Was ist ein elektrostatisches Feld?

2. Definieren Sie elektrische Feldlinien.

3. Welche Eigenschaften haben Feldlinien?

4. Was ist ein Plattenkondensator?

## Ⅱ. *Grammatik zum Text — Partizip* Ⅱ

| existieren | hat existiert | zeichnen | | herrschen | |
|---|---|---|---|---|---|
| erzeugen | | schließen | | stehen | |
| einführen | | verteilen | | leisten | |
| ansehen | | entsprechen | | wirken | |

## Ⅲ. *Übersetzen Sie die folgenden Sätze ins Chinesische.*

1. Ladungen erzeugen Felder, ein zeitlich unveränderliches E-Feld heißt „elektrostatisches Feld".

2. Die „Dichte" der Feldlinien kann als Maß für den Betrag der Feldstärke angesehen werden.

3. Je dichter die Feldlinien, desto stärker ist dort die Kraftwirkung.

4. Um eine einzelne Punktladung herum sind die Feldlinien kugelsymmetrisch verteilt.

**IV. Hören Sie zu und ergänzen Sie. 🎧**

**Elektrische Feldlinien**

Die Feldlinien _____ dabei auf der positiven Ladung und enden auf der _____ . Die Stärke des elektrischen Feldes ist _____ zur Feldliniendichte. In unserem Fall wäre die _____ also direkt zwischen den beiden Ladungen minimal. Je _____ wir uns auf die Punktladungen _____ , desto _____ wird die Feldstärke.

An diesem Beispiel können wir einige _____ für das Verhalten von Feldlinien _____ . Zunächst ist zu _____ , dass sich die Linien nie _____ und immer von der positiven Ladung zu der negativen gehen. Auch _____ sie stets senkrecht aus _____ aus und treten senkrecht wieder in diese _____ . Ebenfalls erfahren _____ in einem elektrischen Feld Kräfte _____ zu den Feldlinien.

*Quelle: https://studyflix.de/elektrotechnik/elektrisches-feld-264*

## Lückentest

1. Das elektrische Feld ist ein _____ . Als Quelle dient eine positive Ladung, als Senke eine negative Ladung.

2. Die Einheit für die elektrische _____ ist Volt pro Meter. Sie ist der Quotient aus der _____ , die auf einen positiv geladenen Probekörper im betrachteten Punkt des Feldes wirkt, und der _____ des Probekörpers.

3. _____ sind in Stärke und Polung wechselnde elektrische oder magnetische Felder, die durch Wechselspannung bzw. -strom hervorgerufen werden.

4. Die magnetische _____ wird in der Einheit Tesla gemessen.

5. Bei den magnetischen _____ handelt es sich um Magnetfelder. Diese Magnetfelder haben jedoch keine Frequenz, sie sind statisch.

6. Der magnetische _____ kann als Gesamtheit aller magnetischen Feldlinien verstanden werden.

7. Die _____ sind Tangenten an den Feldlinien. Sie verlaufen definitionsgemäß von plus nach minus.

8. Mit einem _____ misst man ein elektrisches Feld.

9. Die Stärke eines elektrischen Feldes nimmt mit zunehmender _____ von der Quelle ab.

10. Um eine einzelne Punktladung herum sind die Feldlinien _____ verteilt.

11. Der _____ ist eine Anordnung aus zwei parallel zueinander stehenden Metallplatten mit der Fläche $A$ die im Abstand $d$ zueinander stehen. Sie erzeugt im Inneren ein _____ elektrisches Feld.

12. Beim Plattenkondensator ist die Feldstärke _____ zur angelegten Spannung.

13. Die elektrische Feldkonstante ist eine der wichtigsten _____.

14. Die Summe der Ströme durch die Leiter nennt man magnetische _____. Das Formelzeichen ist $\Theta$.

15. Die Maßeinheit des magnetischen Flusses wird aus dem _____ abgeleitet und lautet Voltsekunde（Vs）oder auch Weber（Wb）.

## Vokabelliste

| die | Amperewindung, -en | 安培匝 |
| die | Äquipotenziallinie, -n | 等势线 |
| die | Durchflutung, -en | 安培匝数,磁通势 |
| die | Einbildung, -en | 想象,幻觉 |
| das | Elementarladung, -en | 基本电荷 |
| das | Elementarteilchen, - | 基本粒子 |
| die | Feldstärke, -n | 场强 |
| die | Funkenentladung, -en | 火花放电 |
| die | Gefährdung, -en | 危害 |

| | | |
|---|---|---|
| die | Gestalt，-en | 形状,外形 |
| das | Gleichfeld，-er | 恒场 |
| das | Induktionsgesetz，-e | 电磁感应定律 |
| der | Kraftvektor，-en | 力矢量 |
| die | Kraftwirkung，-en | 力的作用 |
| das | Kribbeln | 发痒 |
| die | Ladungsverschiebung，-en | 充电延缓,载荷延迟 |
| die | Leuchtstofflampe，-n | 荧光灯管 |
| die | magnetische Flussdichte | 磁通量,密度 |
| das | Maß，-e | 标准,数值 |
| die | Maßeinheit，-en | 计量单位 |
| die | Permittivität，-en | 电容率,介电常数 |
| der | Personenschutz，-e | 人身防护 |
| der | Plattenkondensator，-en | 平行极板电容器 |
| die | Probeladung，-en | 试验充电 |
| die | Punktladung，-en | 点电荷 |
| die | Raumkurve，-n | 空间曲线 |
| der | Regelfall，¨e | 惯例 |
| der | Röhrenfernseher，- | 电子管电视 |
| die | Spulenwindung，-en | 线圈匝 |
| das | Tesla | 特斯拉(磁感应强度单位) |
| das | Umspannwerk，-e | 变电站,变压装置 |
| die | Urspannung，-en | 原电压,电动势 |
| die | Verträglichkeit，-en | 兼容,协调 |
| das | Voltmeter，- | 电压计,伏特计 |
| der | Vorbehalt，-e | 保留条件 |
| das | Weber | 韦伯,磁通量单位 |
| das | Wechselfeld，-er | 交变场 |
| das | Wegelement，-e | 路径积分 |
| | anordnen | 安排,布置 |
| | auffassen | 理解,解释 |

| | |
|---|---|
| ausgesetzt sein | 中断,间断 |
| auslösen | 开动,致使,触发 |
| durchsetzen | 贯彻,实施 |
| dynamisch | 动态的 |
| garantieren | 保证,担保 |
| geometrisch | 几何学的 |
| gepolt | 极化的,有极的 |
| hochfrequent | 高频的 |
| integriert | 集成的,一体的 |
| konservativ | 保守的 |
| krümmen | 使弯曲 |
| kugelsymmetrisch | 球对称的 |
| künstlich | 人工的,人造的 |
| leitfähig | 有传导性的 |
| niederfrequent | 低频的 |
| reproduzierbar | 可复制的,能再生的 |
| sich äußern | 表明意见,态度 |
| spannungsführend | 带电压的 |
| spüren | 感觉到,追踪 |
| statische | 静态的,静止的 |
| umgeben | 包围,环绕 |
| unteilbar | 不可分的 |
| viel eher | 更确切地说 |
| zugehen | 走近,趋近 |
| zunutze, sich etw. zunutze machen | 利用某物 |

# Thema 4

## Elektrische Messtechnik

> **Text A** ▷ **Grundlagen**

Messen ist das quantitative Erfassen einer physikalischen Größe. Dies geschieht durch den Messvorgang. Dabei wird der Wert $X$ einer Größe durch eine dimensionslose Zahl $x$ und eine Vergleichsgröße $N$ angegeben:

$$X = x \cdot N \tag{4-1}$$

### Begriffe

*Messgröße*: die physikalische Größe, deren Wert erfasst werden soll.

*Anzeige*: das, was an einem Messgerät abgelesen wird, z.B. die Position eines Zeigers oder ein Zahlenwert.

*Anzeigebereich*: der Bereich in dem die Messwerte liegen können.

*Messwert*: aus der Anzeige ermittelter Wert der Messgröße, bestehend aus Zahlenwert und Einheit.

*Messergebnis*: Ergebnis der Auswertung einer Messung bzw. Messreihe.

*Messeinrichtung*: Alles, was man zum Messen braucht. ( Sensoren, Wandler ...)

*Messprinzip*: der zur Messung benutzte physikalische Effekt.

*Empfindlichkeit*: das Verhältnis der am Messgerät beobachteten

Anzeigeänderung $\Delta x_a$ zu der sie verursachenden Änderung der Messgröße $\Delta x_e$. $E = \Delta x_a / \Delta x_e$. Es sind folgende Genauigkeitsklassen festgelegt: Feinmessgeräte: Klasse $0,05$; $0,1$; $0,2$; $0,5$; Betriebsmessgeräte: Klasse 1; $1,5$; $2,5$; 5. Die Klasse gibt den höchstzulässigen relativen Fehler (Fehlergrenze $G_r$) in Prozent vom Messbereichsendwert $x_e$ an, und zwar unter Nennbedingungen (Temperatur, Nennlage, Nennfrequenz u.a.).

Messwerte können dargestellt und erfasst werden mittels:

- Zeiger und Skala,
- Ziffern,
- Schreiber,
- Drucker,
- Rechnererfassung.

## Messverfahren

*direktes Verfahren*: der gesuchte Messwert wird unmittelbar mit einem Bezugswert derselben Messgröße verglichen. Bsp. Balkenwaage: sie vergleicht Gewichte direkt miteinander. Bei der direkten Messung wird der Messwert direkt am Messobjekt ermittelt. Das Messgerät zeigt den Messwert direkt an. Typischerweise werden Spannung und Strom direkt gemessen.

*indirektes Verfahren*: die Messgröße wird auf andere Größen zurückgeführt und aus deren Wert über eine Beziehung ermittelt. Oft gibt es keine Möglichkeit, den Messwert direkt zu ermitteln. Dabei bedient man sich einer physikalischen Eigenschaft, die sich zu der zu messenden Größe in einem definierten Verhältnis befindet.

Eine Temperatur wird üblicherweise indirekt über das Volumen von Flüssigkeiten, die Länge von Metallstäben oder den Widerstand eines Halbleiters gemessen. Eine andere Form des indirekten Messens ist das direkte Messen eines oder mehrerer Werte und die anschließende Berechnung des gewünschten Messwerts.

Bsp. Quecksilber-Barometer:

$$p = g \cdot \rho \cdot h \qquad\qquad (4\text{-}2)$$

$g$: Schwerebeschleunigung; $\rho$: Dichte; $h$: Höhe der Quecksilbersäule

## Analoges Messen

In analoger Form treten alle Erscheinungen in unendlich feinen Stufen auf. Typischerweise wird ein Füllstand analog gemessen, indem am Behälter eine vertikale Skala angebracht ist. Beispiele dafür finden sich am Messbecher, Wasserkocher oder an einer Kaffeemaschine.

Ein typischer Fehler beim analogen Messen ist der Ablesefehler. Das beginnt beim Interpretieren der Messskala und endet beim Ablesen des Messwerts. Deshalb ist der Messwert bei der analogen Messung immer etwas ungenau.

Obwohl der Fortschritt das digitale Messen mit sich brachte, ist digital nicht besser als analog. Bei der Zeitmessung ist vielen Menschen eine analoge Uhr lieber. Für die täglichen Aufgaben reicht es oft aus, dass man mit einem kurzen Blick auf die Uhr weiß, dass es Viertel vor zwölf oder kurz vor Feierabend ist. Für diese Erkenntnis ist die Genauigkeit einer digitalen Anzeige überflüssig.

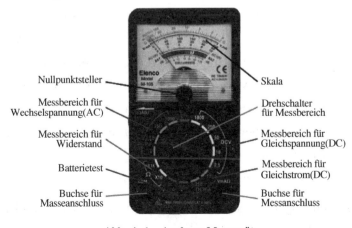

Abb. 4-1   Analoges Messgerät

Vorteile beim Messen mit einem analogen Messgerät:

- Überwachung von kleinsten Messgrößenänderungen
- Feststellen des Spannungszustands
- Leichteres Ablesen von Messwertänderungen
- Bessere Beobachtung pulsierender Spannungen (bis 40 kHz)
- Leichtere und schnellere Ablesbarkeit aus der Ferne

Nachteile beim Messen mit einem analogen Messgerät:

- geringe Messgenauigkeit
- Ablesefehler durch Parallaxe
- manuelle Messbereichsänderung
- zu beachtende Zuordnung von Messbereich und Skala
- empfindliche Messwerke z.B. durch magnetische Felder
- Gefahr für das Messwerk bei Ignorieren der DC-Polarität
- Gefahr für das Messwerk bei Ignorieren des Messbereichs
- erforderlicher Null-Abgleich im Ohm-Bereich
- kein Überlastschutz

## Digitales Messen

Das Ablesen von digitalen Werten ist in der Regel einfach und schnell. Interessant werden digitale Werte bei der Messwertübertragung, denn Messwerte entstehen nicht unbedingt an dem Ort, wo sie zur Verarbeitung benötigt werden. Jede Übertragung ist jedoch empfindlich gegenüber Störungen und kann mit Verlusten behaftet sein. Die Signale auf langen Leitungen werden zum Beispiel durch kapazitive und induktive Einstreuungen gestört. Weitere Störgrößen sind die Temperaturdrift, Alterung und das Rauschen in den Bauelementen.

Vorteile beim Messen mit einem digitalen Messgerät:

- hoher Eingangsspannungsbereich und dadurch geringe Beeinflussung der Schaltung und der Messung
- kaum Ablesefehler möglich

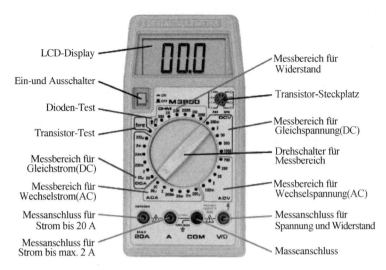

**Add. 4-2　Digitales Messgerät**

- automatische Polaritätserkennung und-anzeige
- automatische Messbereichserkennung
- kein Null-Abgleich bei der Ohm-Messung erforderlich
- weniger empfindlich
- größere Genauigkeit
- billiger in der Herstellung wegen geringerem mechanischem Anteil

Nachteile beim Messen mit einem digitalen Messgerät:

- Betriebsspannung für Display notwendig
- kurzzeitig hohe Spannungsimpulse können das Messwerk zerstören
- ungenaue Wechselspannungsmesswerte bei höheren Frequenzen

*Quelle: http://www.elektronik-kompendium.de/sites/grd/0211231.htm*

Ⅰ. *Fragen zum Text*

1. Was gehört zur Messeinrichtung? Geben Sie vier Beispiele.

2. Wodurch können Messwerte erfasst und dargestellt werden?

3. Nennen Sie zwei Messverfahren und vergleichen Sie sie.

## II. *Grammatik zum Text*

**Formen Sie Passivsätze in Aktivsätze um und umgekehrt.**

a. Der Wert einer Größe wird durch eine dimensionslose Zahl und eine Vergleichsgröße angegeben.

---

b. Die Klasse gibt den höchstzulässigen relativen Fehler in Prozent vom Messbereichsendwert an.

---

## III. *Übersetzen Sie den folgenden Text ins Chinesische.*

Das Ablesen von digitalen Werten ist in der Regel einfach und schnell. Interessant werden digitale Werte bei der Messwertübertragung, denn Messwerte entstehen nicht unbedingt an dem Ort, wo sie zur Verarbeitung benötigt werden. Jede Übertragung ist jedoch empfindlich gegenüber Störungen und kann mit Verlusten behaftet sein. Die Signale auf langen Leitungen werden zum Beispiel durch kapazitive und induktive Einstreuungen gestört. Weitere Störgrößen sind die Temperaturdrift, Alterung und das Rauschen in den Bauelementen.

---

---

---

## IV. *Textwiedergabe* 🎧

---

---

---

---

---

---

---

---

---

## Text B  ▷  Messbereichserweiterungen

Die Messung elektrischer Größen ist dank moderner Digitalmultimeter kein großes Problem mehr. Trotzdem müssen Messfehler und Toleranzen immer mit bedacht werden. Für spezielle Aufgaben müssen manchmal eigene Messgeräte oder Messverstärker entwickelt werden. Zuverlässige Messungen sind nur möglich, wenn einige Grundsätze und Prinzipien bedacht werden.

### Messbereichserweiterungen beim Voltmeter

Ein beliebiges Drehspul-Messwerk kann durch geeignete Zuschaltung von Widerständen als Voltmeter oder als Amperemeter eingesetzt werden. In Vielfachmessgeräten schaltet man Messbereiche um, indem man entsprechende Widerstände umschaltet. Prinzipiell muss für ein Voltmeter ein Widerstand in Reihe geschaltet werden. Je größer der Widerstand, desto höher der Messbereich. Umgekehrt muss für die Bereichserweiterung eines Amperemeters ein kleiner Widerstand parallelgeschaltet werden.

Ein typisches Messwerk hat z. B. einen Endausschlag bei 100 μA. Der Innenwiderstand beträgt z. B. 1000 Ohm. Ohne einen Vorwiderstand wird daher der Endausschlag bei einer Spannung von 100 mV erreicht. Das Messwerk ohne zusätzlichen Widerstand bezeichnet man auch als Galvanometer. Man kann es bereits als empfindliches Amperemeter oder Voltmeter einsetzen.

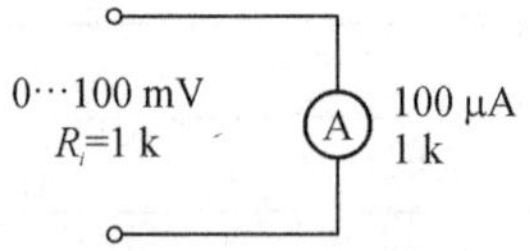

$$U = I \cdot R$$
$$U = 0,1 \text{ mA} \cdot 1000 \ \Omega$$
$$U = 100 \text{ mV}$$

0···100 mV
$R_i$=1 k    (A)    100 µA
1 k

**Abb. 4-3    Ein Messwerk als empfindliches Galvanometer**

Von einem guten Voltmeter verlangt man einen großen Innenwiderstand, damit Messwerte nicht übermäßig verfälscht werden. Für eine Messbereichserweiterung auf 10 V muss der Gesamtwiderstand für ein Messwerk mit 100 µA Vollausschlag 100 kOhm betragen.

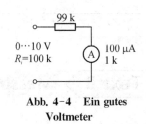

0···10 V
$R_i$=100 k    (A)    100 µA
1 k

**Abb. 4-4    Ein gutes Voltmeter**

Allgemein ist es günstig, wenn ein Voltmeter einen möglichst großen Innenwiderstand besitzt. Der erreichbare Wert hängt von der Empfindlichkeit des Messwerks ab.

Bei einem einfachen Messwerk mit einem Bereich von 1 mA wird sich für den Messbereich 10 V nur ein Innenwiderstand von 10 kOhm ergeben, beim Messbereich 25 V der Innenwiderstand 25 kOhm usw. Allgemein gibt man den Innenwiderstand in diesem Fall mit 1 kOhm/V an, jeweils bezogen auf den Endausschlag eines Messbereichs.

In guten Voltmetern findet man außer dem Reihenwiderstand in den meisten Fällen auch noch einen zweiten Widerstand, der parallel zum Messwerk geschaltet ist und damit praktisch die eigentliche Empfindlichkeit des Messwerks verringert. Dieser Parallelwiderstand dient der Dämpfung des Messwerks. Ein ungedämpftes Messwerk erschwert das genaue und schnelle Ablesen eines Messwerts nach jeder Änderung der Spannung durch Überschwingen und langes Ausschwingen des Zeigers.

Mit einem Parallelwiderstand ergibt sich eine elektromagnetische Dämpfung des Messwerks. Die mechanische Energie des schwingfähigen Systems aus Rückstellfeder und Zeigermasse wird durch Induktion in elektrische Energie überführt und im Parallelwiderstand vernichtet. Die Dämpfung darf nicht zu groß werden, damit sich der Zeiger noch angemessen schnell auf den Messwert einstellt. Für jedes Messwerk lässt sich ein optimaler Dämpfungswiderstand bestimmen.

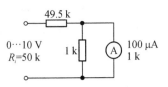

**Abb 4-5　Voltmeter mit Dämpfungswiderstand**

Moderne Voltmeter bieten oft einen höheren Innenwiderstand von z.B. 10 MOhm. Dies ist nur mit zusätzlichen Verstärkern zu erreichen. Ein Messverstärker kann z.B. mit einem Operationsverstärker aufgebaut werden. Für spezielle Anwendungen kann man mit CMOS-OPVs fast unendliche Innenwiderstände erreichen. Diese Verstärker sollen allerdings nie mit offenem

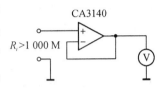

**Abb. 4-6　OPV als Messverstärker**

Eingang betrieben werden, weil sie dann irgendeine zufällige Spannung auch über der Messbereichsgrenze anzeigen können.

Ein Messgerät für den allgemeinen Einsatz im Labor sollte einen gewissen Eingangswiderstand besitzen, weil damit sichergestellt wird, dass bei offenen Eingängen die Spannung Null angezeigt wird. Mit einem Operationsverstärker lässt sich erreichen, dass bei unterschiedlichen Eingangsbereichen immer derselbe Eingangswiderstand vorliegt. Man schaltet dazu Widerstände im Gegenkoppelzweig um. Es muss beachtet werden, dass der Verstärker die Spannung invertiert. Der OPV muss mit einer bipolaren Stromversorgung betrieben werden.

Die Eingangsspannung des Messgeräts darf größer als die Betriebsspannung werden, da in der gegengekoppelten Schaltung die Spannung am invertierenden Eingang praktisch null ist. Bei sehr empfindlichen Messbereichen muss die Offsetspannung des OPV abgeglichen werden.

## Messbereichserweiterung beim Amperemeter

Prinzipiell schaltet man bei einem Amperemeter einen kleinen Widerstand parallel zum Messwerk. Man bezeichnet diesen Parallelwiderstand auch als

Nebenwiderstand oder Shunt. In der Parallelschaltung ergibt sich eine Aufteilung des Stroms, wobei nur ein kleinerer Teil durch das Messwerk fließt.

Ein Messwerk mit 100 μA/1000 Ohm soll in einem Amperemeter mit dem Messbereich 1 A eingesetzt werden. Für Vollausschlag wird eine Spannung von 100 mV am Messwerk benötigt. Der Shunt muss daher einen Widerstand von 0,1 Ohm haben.

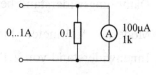

**Abb. 4-7  Ein Messwerk mit 100 μA/1000 Ohm**

Prinzipiell muss zwar bei der Parallelschaltung auch der Widerstand des Messwerks beachtet werden, so dass der Shunt entsprechend höher gewählt werden muss. Im vorliegenden Beispiel ergibt sich durch den 10000-fach höheren Innenwiderstand des Messwerks jedoch nur ein Fehler von 0,01%. Alle anderen Fehler wie die Toleranz des Messwerks (z.B. Güteklasse 2,5%) oder des Shunts (typ. 1%) sind jedoch wesentlich größer.

**Erweiterung eines Strommessbereichs**

Speziell bei sehr großen Messbereichen muss die Verlustleistung im Shunt beachtet werden. Bei einem Messbereich bis 50 A, wie er z.B. oft im Modellbau benötigt wird, wird im Shunt bei einer Endspannung von 100 mV bereits eine Leistung von 5 W umgesetzt.

Deshalb besitzen Shunt-Widerstände für höhere Ströme oft eine erhebliche Größe. Allgemein ist es günstig, wenn Messwerke mit geringem Innenwiderstand und damit geringer Endspannung eingesetzt werden. In elektronischen Messgeräten lässt sich das Problem durch einen geeigneten Messverstärker verringern, der z.B. eine Endspannung von 1 mV ermöglicht.

Ein Problem bei der Messbereichsumschaltung liegt darin, dass der Übergangswiderstand des Umschalters zu erheblichen Messfehlern führen kann, wenn man einfach verschiedene Shunts parallel zum Messwerk umschaltet. Besser ist es daher, verschiedene Shunts in Reihe zu schalten und nur die Eingangsklemmen umzuschalten. Eventuelle Spannungsabfälle an den

Umschaltkontakten treten dann zwar nach außen hin auf, verändern jedoch nicht das Messergebnis. Außerdem kann beim Umschalten während einer Messung niemals der Fall eintreten, dass das Messgerät ohne Parallelwiderstand überlastet wird.

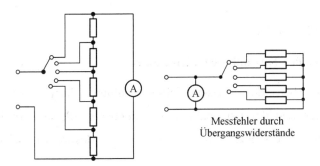

Messfehler durch
Übergangswiderstände

**Abb. 4-8   Richtige und fehlerhafte Umschaltung von Strombereichen**

Für Amperemeter muss allgemein ein möglichst geringer Innenwiderstand angestrebt werden, weil jeder Spannungsabfall am Messgerät zu einer ungewollten Beeinflussung des Messobjekts führt. Für kleinere Ströme bis zu wenigen mA kann durch den Einsatz eines gegengekoppelten OPVs ein Innenwiderstand von annähernd Null erreicht werden. Zugleich ermöglicht der Verstärker auch eine Verbesserung der Messempfindlichkeit bis in den Nanoamperebereich. Durch einfache Umschaltung der Gegenkopplungswiderstände lässt sich eine Bereichswahl vornehmen.

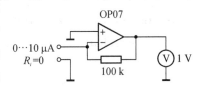

**Abb. 4-9   Ein OPV als Strom-Spannungswandler**

*Quelle: http://www.elektronik-kompendium.de*

I . *Fragen zum Text*

1. Was ist ein Galvanometer?

2. Warum wird ein großer Innenwiderstand von einem guten Voltmeter verlangt?

3. Warum darf die Dämpfung des Messwerks nicht zu groß werden?

4. Darf die Eingangsspannung des Messgeräts größer sein als die Betriebsspannung?

## II. *Grammatik zum Text*

**Verkleinern Sie den Satz auf viele kleine Sätze.**

Ein Problem bei der Messbereichsumschaltung liegt darin, dass der Übergangswiderstand des Umschalters zu erheblichen Messfehlern führen kann, wenn man einfach verschiedene Shunts parallel zum Messwerk umschaltet.

a. _____

b. _____

c. _____

## III. *Übersetzen Sie die folgenden Sätze ins Chinesische.*

1. Je größer der Widerstand, desto höher der Messbereich. Umgekehrt muss für die Bereichserweiterung eines Amperemeters ein kleiner Widerstand parallelgeschaltet werden.

   _____

   _____

2. In guten Voltmetern findet man außer dem Reihenwiderstand in den meisten Fällen auch noch einen zweiten Widerstand, der parallel zum Messwerk geschaltet ist und damit praktisch die eigentliche Empfindlichkeit des Messwerks verringert.

   _____

   _____

3. Moderne Voltmeter bieten oft einen höheren Innenwiderstand von z.B. 10 MOhm. Dies ist nur mit zusätzlichen Verstärkern zu erreichen.

   _____

IV. *Textwiedergabe* 🎧

_____

_____

_____

_____

_____

_____

_____

_____

_____

_____

## Text C 〉 Spannungsmesser

Spannungsmesser, auch Voltmeter genannt, sind Messgeräte, mit denen man die elektrische Spannung an einem elektrischen Bauteil messen kann. Es gibt sie in vielen unterschiedlichen Bauformen. Genutzt werden bei Spannungsmessern verschiedener Bauart unterschiedliche Wirkungen des elektrischen Stromes.

Spannungsmesser sind immer parallel zu dem elektrischen Gerät oder Bauteil zu schalten, an dem die Spannung gemessen werden soll. Das ist notwendig, damit die Spannung gemessen wird, die an diesem Bauteil anliegt, denn für die Parallelschaltung ist die Spannung in beiden Zweigen gleich groß.

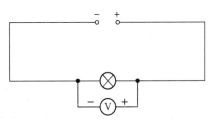

**Abb. 4-10   Schaltung eines Spannungsmessers**

Als Spannungsmesser verwendet man Drehspulmessgeräte und Dreheisenmessgeräte. Bei Drehspulmessgeräten befindet sich eine drehbar gelagerte kleine Spule in dem Magnetfeld eines Permanentmagneten. Mit dieser Spule ist ein Zeiger verbunden. Wird die kleine Spule von einem Strom durchflossen, so wird sie selbst zum Magneten und tritt mit dem Magnetfeld des Permanentmagneten in Wechselwirkung. Je größer die Spannung an der Spule ist, desto größer ist die Stromstärke und damit das entstehende Magnetfeld und desto

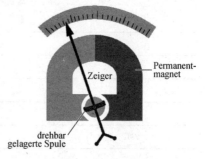

**Abb. 4-11  Drehspulmesswerk**

stärker ist auch die Auslenkung der Spule und damit die des Zeigers (Abb. 4-11). Genutzt wird also die magnetische Wirkung des elektrischen Stromes.

Bei Dreheisenmessgeräten, auch Weicheisenmessgeräte genannt, befindet sich in einer Spule ein feststehendes Eisenblättchen und ein mit der Achse und dem Zeiger verbundenes drehbares Eisenblättchen (Abb. 4-12). Fließt Strom durch die Spule, so werden die beiden Eisenblättchen gleichsinnig magnetisiert und stoßen einander ab. Die Abstoßung und damit der Ausschlag des Zeigers ist umso größer, je größer die Spannung und damit die Stromstärke durch die Spule ist. Genutzt wird also die magnetische Wirkung des elektrischen Stromes.

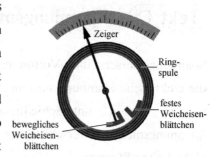

**Abb. 4-12  Dreheisenmesswerk**

Heute verwendet man meist Vielfachmessgeräte, mit denen man Spannung oder Stromstärke messen kann. Vielfachmessgeräte sind häufig Drehspulmessgeräte, bei denen man den Messbereich verändern kann und die sowohl für die Messung von Gleichspannung als auch für die Messung von Wechselspannung geeignet sind. Verwendet man für die Spannungsmessung ein Vielfachmessgerät, dann sollte man folgende Schritte einhalten:

- Stelle die Stromart (Gleichstrom oder Wechselstrom) am Messgerät ein, die im Stromkreis vorliegt!
- Stelle den größten Messbereich für die Spannung am Messgerät ein! Das ist insbesondere dann notwendig, wenn man nicht weiß, wie groß die Spannung ist.
- Schalte das Messgerät parallel zu dem elektrischen Gerät oder zu der elektrischen Quelle in den Stromkreis ein! Achte bei Gleichspannung darauf, dass der Minuspol der elektrischen Quelle mit dem Minuspol des Messgerätes und der Pluspol der elektrischen Quelle mit dem Pluspol des Messgerätes verbunden werden.
- Schalte nach Schließen des Stromkreises den Messbereich soweit herunter, dass möglichst im letzten Drittel der Skala abgelesen werden kann. Dann ist der Messfehler durch das Messgerät am kleinsten.
- Lies die Spannung ab! Beachte dabei, dass der eingestellte Messbereich den Höchstwert der Skala angibt.

*Quelle: http://www.elektronik-kompendium.de*

## Ⅰ. *Fragen zum Text*

1. Wie werden Spannungsmesser geschaltet?

2. Welche Messgeräte werden als Spannungsmesser verwendet?

3. Beschreiben Sie das Dreheisenmesswerk.

## Ⅱ. *Grammatik zum Text*

**Imperativ**

| Infinitiv | stellen | einschalten | ablesen | beachten | zeigen |
|-----------|---------|-------------|---------|----------|--------|
| Sie       |         |             |         |          |        |
| du        |         |             |         |          |        |
| ihr       |         |             |         |          |        |

Ⅲ. *Übersetzen Sie die folgenden Sätze ins Chinesische.*

1. Genutzt werden bei Spannungsmessern verschiedener Bauart unterschiedliche Wirkungen des elektrischen Stromes.

   _____

2. Je größer die Spannung an der Spule ist, desto größer ist die Stromstärke und damit das entstehende Magnetfeld und desto stärker ist auch die Auslenkung der Spule und damit die des Zeigers.

   _____

   _____

3. Fließt Strom durch die Spule, so werden die beiden Eisenblättchen gleichsinnig magnetisiert und stoßen einander ab.

   _____

   _____

4. Vielfachmessgeräte sind häufig Drehspulmessgeräte, bei denen man den Messbereich verändern kann und die sowohl für die Messung von Gleichspannung als auch für die Messung von Wechselspannung geeignet sind.

   _____

   _____

5. Achte bei Gleichspannung darauf, dass der Minuspol der elektrischen Quelle mit dem Minuspol des Messgerätes und der Pluspol der elektrischen Quelle mit dem Pluspol des Messgerätes verbunden werden.

   _____

   _____

Ⅳ. *Textwiedergabe* 🎧

_____

_____

_____

_____

_____

_____

_____

_____

_____

_____

_____

_____

## Lückentest

1. Das _____ besteht aus der Skala und den Teilen, die eine Anzeige bewirken.

2. _____ ist Ergebnis der Auswertung einer Messung bzw. Messreihe.

3. Messen ist das Vergleichen von Größen. Der Vergleich kann analog oder _____ , direkt oder _____ erfolgen.

4. Ein typischer Fehler beim analogen Messen ist der _____ .

5. Bei der direkten Messung wird der Messwert direkt am _____ ermittelt. Das Messgerät zeigt den Messwert direkt an. Typischerweise wird _____ und _____ direkt gemessen.

6. Analoge Messgeräte wandeln den Messwert in einen _____ . Mit Hilfe der _____ kann der Messwert abgelesen werden.

7. Digitale Messgeräte wandeln den Messwert in einen _____ um und geben das Messergebnis als _____ aus (digital).

8. Bei der _____ ohne angelegte Spannung oder Strom muss der Zeiger exakt über dem Nullstrich der Skala liegen. Wenn nicht, dann muss der

Zeiger justiert werden. Sonst kommt es zu einem _____.

9. Prinzipiell muss für ein Voltmeter ein Widerstand in _____ geschaltet werden. Je größer der Widerstand, desto höher der _____.

10. Ein Messverstärker kann z.B. mit einem _____ aufgebaut werden.

11. Prinzipiell schaltet man bei einem Amperemeter einen kleinen Widerstand _____ zum Messwerk. Man bezeichnet diesen _____ auch als Nebenwiderstand oder _____.

12. Spannungsmesser sind immer parallel zu dem elektrischen Gerät oder Bauteil zu schalten, an dem die Spannung _____ werden soll.


## Vokabelliste

| | | |
|---|---|---|
| die | Aufteilung, -en | 分割,分配 |
| die | Auslenkung, -en | 偏转 |
| der | Ausschlag, ‥e | 偏差 |
| das | Ausschwingen | 振动衰减 |
| die | Balkenwaage, -en | 天平 |
| das | Barometer, - | 气压计 |
| das | Betriebsmessgerät, -e | 工业测量仪表 |
| die | Dämpfung, -en | 衰减 |
| das | Digitalmultimeter, - | 数字万用表 |
| das | Dreheisenmessgerät, -e | 动铁式测量仪器 |
| der | Drehspul-Messwerk, -e | 转动线圈测量装置 |
| die | Eingangsklemme, -en | 输入端接线柱 |
| das | Eisenblättchen, - | 小铁片 |
| die | Fehlergrenze, -en | 容许误差范围 |
| das | Feinmessgerät, -e | 千分尺,精密测量仪表 |
| das | Galvanometer, - | 电流计 |
| der | Grundsatz, ‥e | 准则,原理 |
| die | Güteklasse, -en | 质量等级 |

| | | |
|---|---|---|
| der | Messbereichsendwert, -e | 测量范围终值 |
| die | Messbereichserweiterung, -en | 量程扩展 |
| die | Messeinrichtung, -en | 测量装置 |
| der | Messfehler, - | 测量误差 |
| die | Messreihe, -n | 测量顺序 |
| der | Messverstärker, - | 测量信号放大器 |
| der | Messvorgang, ̈e | 测量过程 |
| der | Nebenwiderstand | 分路电阻 |
| die | Nennbedingung, -en | 额定条件 |
| die | Nennlage, -n | 基本位置 |
| die | Offsetspannung, -en | 补偿电压, 偏置电压 |
| der | Operationsverstärker, - | 运算放大器 |
| der | Permanentmagnet, -e | 永久磁铁 |
| das | Quecksilber | 水银 |
| die | Rückstellfeder, -n | 复位弹簧 |
| der | Shunt, -s | 分流 |
| der | Spannungsmesser, - | 电压测量计 |
| der | Übergangswiderstand, ̈e | 过度电阻 |
| das | Überschwingen | 振动过度 |
| die | Vergleichsgröße, -n | 对比值, 对比参数 |
| das | Vielfachmessgerät, -e | 数字万用表 |
| die | Wechselwirkung, -en | 相互作用 |
| die | Zuschaltung, -en | 换档 |
| | ablesen | 读数 |
| | anliegen an + D | 附加在……上面 |
| | bedenken bedacht | 关注 |
| | bipolar | 双极的, 双向的 |
| | dank | 根据 |
| | dimensionslos | 没有尺寸的 |
| | erheblich | 巨大的, 显著的 |
| | erschweren | 妨碍, 加剧 |

| | |
|---|---|
| gelagert PⅡ. | 堆积的 |
| herunterschalten | 调低档 |
| invertieren | 倒转,转化 |
| rauschempfindlich | 噪声敏感的 |
| relativ | 相对的 |
| störempfindlich | 干涉敏感的 |
| übermäßig | 过量的,过度的 |
| umschalten | 转换,换档 |

# Thema 5

# Grundlagen des Transformators

Text A Grundlagen

Der Transformator ist eines der wichtigsten Schaltungselemente in der Wechselstromtechnik. Er besteht aus zwei oder mehreren galvanisch getrennten Wicklungen ( Ausnahme: Spartransformator ), die über das strombegleitende gemeinsame und in einem ferromagnetischen Kern geführte Magnetfeld miteinander gekoppelt sind. Damit können durch gegenseitige Induktion Spannungen und Ströme erzeugt werden.

Er findet Anwendung in der elektrischen Energietechnik als Umspanner zur Verbindung von Netzen mit unterschiedlichen Spannungsebenen oder als Trenn- bzw. Isoliertransformator zur galvanischen Trennung von Netzteilen, wobei er in beiden Fällen gleichzeitig als Leistungstransformator der Energieübertragung dient; in der Nachrichtentechnik als Überträger zur breitrandigen Anpassung im Tonfrequenzbereich bzw. als Koppelelement im Hochfrequenzbereich; in der Messtechnik als Wandler zur Verringerung von Messspannungen bzw. -strömen.

Ein Transformator wandelt niedrige Spannungen in höhere Spannungen um und umgekehrt. Der Transformator besteht aus Primärspule und Sekundärspule, die beide vom gleichen magnetischen Fluss durchsetzt werden. Das Schema eines Transformators ist in Abb. 5-1 dargestellt. Das Magnetfeld der Spulen, die Induktion und die ferromagnetischen Eigenschaften spielen eine entscheidende Rolle für den Transformator.

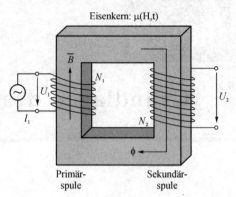

Die Primärwicklung bezeichnet die Spule, an der die zu transformierende（Primär-）Spannung anliegt. Die Sekundärwicklung bezeichnet die Spule, an der die Spannung abgenommen wird.

Ein idealer Transformator ist ein Transformator ohne Leistungsverluste. Der Wirkungsgrad von guten realen Transformatoren ist besser als 95%.

**Abb. 5-1  Schematische Darstellung eines Transformators**

Das Übersetzungsverhältnis, $\ddot{u}$ gibt das Verhältnis der Spannung auf der Primärseite zur Spannung auf der Sekundärseite an. Ist $\ddot{u}$ größer als 1, so wird die Spannung hinunter transformiert; ist $\ddot{u}$ kleiner als 1, so wird die Spannung hinauf transformiert.

Die Phasenverschiebung der Spannungen beträgt 180°. Beim idealen Transformator mit Windungszahlen $N_1$ und $N_2$ gilt für das Verhältnis der Spannungen und Ströme:

$$\frac{U_1}{U_2} = \ddot{u} = \frac{N_1}{N_2}, \quad \frac{I_1}{I_2} = \frac{N_2}{N_1} = \frac{1}{\ddot{u}} \qquad (5-1)$$

*Quelle：http：//www.elektronik - kompendium.de*

## I . *Fragen zum Text*.

**Beantworten Sie die nachfolgenden Fragen.**

a. Woraus besteht ein Transformator?

b. Beschreiben Sie die Primärwicklung und Sekundärwicklung.

c. Was ist ein idealer Transformator?

Ⅱ. *Grammatik zum Text — Verben mit Präposition*

1. Der Transformator besteht _____ zwei oder mehreren galvanisch getrennten Wicklungen.

2. In der Messtechnik dient der Transformator _____ Wandler zur Verringerung von Messspannungen bzw.-strömen.

3. Ein Transformator wandelt niedrige Spannungen _____ höhere Spannungen um und umgekehrt.

Ⅲ. *Übersetzen Sie den folgenden Abschnitt aus dem Text ins Chinesische.*

Ein Transformator wandelt niedrige Spannungen in höhere Spannungen um und umgekehrt. Der Transformator besteht aus Primärspule und Sekundärspule, die beide vom gleichen magnetischen Fluss durchsetzt werden. Das Magnetfeld der Spulen, die Induktion und die ferromagnetischen Eigenschaften spielen eine entscheidende Rolle für den Transformator.

Ⅳ. *Textwiedergabe* 🎧

## Text B ▷ Prinzip des Transformators

Der Transformator ist eine elektrische Maschine. Er überträgt Leistung
a. [ ] dem Induktionsprinzip. Wenn die
Verluste vernachlässigt werden, besteht ein
Leistungsgleichgewicht: Abgegebene und
aufgenommene Leistung sind gleich groß.

$$S_1 = S_2$$

Abb. 5-2

Der Transformator wird primärseitig gespeist. Die
Primärwicklung erzeugt einen Wechselfluss, welcher
in der Sekundärwicklung eine Spannung induziert
(induktive Kopplung). Sekundärseitig wird belastet.
Die Primärseite kompensiert die Sekundärleistung
b. [ ] eine gleich große Leistungsaufnahme
aus dem Speisenetz.

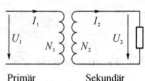

Primär          Sekundär

$$U = 4.44 \cdot A_{Fe} \cdot B \cdot f \cdot N$$

Abb. 5-3

Der Eisenquerschnitt in $m^2$, die Flussdichte in T, die
Frequenz in Hz und die Windungszahl bestimmen die induzierte Spannung.
Das gilt c. [ ] jede Wicklung auf dem gemeinsamen Fe-Kern.
Spannungen sind den Windungszahlen proportional, die Ströme hingegen
umgekehrt proportional.

Mit einem Transformator werden Wechselspannungen herauf- oder heruntertransformiert, also erhöht oder reduziert. Der Transformator, kurz Trafo, wirkt auf der Eingangs-, der Primärseite, wie ein Verbraucher $R$ für seine Wechselspannungsquelle, sofern der Trafo mit Nennlast belastet ist. Unbelastet wirkt der Trafo wie eine Induktivität. Die Ausgangsseite, die Sekundärseite, wirkt als Wechselspannungsquelle mit Quellenspannung $U_0$ und Innenwiderstand $R_i$.

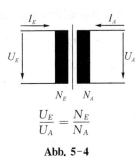

$$\frac{U_E}{U_A} = \frac{N_E}{N_A}$$

**Abb. 5-4**

Der Trafo besteht im Prinzip d. [          ] zwei nebeneinander liegenden Spulen, e. [          ] gleicher oder unterschiedlicher Wicklungsanzahl. Auf der Eingangswicklung wird ein sich änderndes Magnetfeld durch die anliegende Wechselspannung erzeugt. Auf der Ausgangswicklung wird eine Induktionsspannung erzeugt. Die Höhe dieser Spannung ist abhängig f. [          ] Wicklungsverhältnis der Primär- und Sekundärseite des Transformators.

| Primärseite | | Sekundärseite | |
|---|---|---|---|
| $N_E$ | $U_E$ | $N_A$ | $U_A$ |
| 600 | 50 V | 600 | 50 V |
| 600 | 50 V | 1 200 | 100 V |
| 600 | 50 V | 300 | 25 V |

**Abb. 5-5**

$N$ = Anzahl der Wicklungen, $U$ = Spannung

Ist die Anzahl der Wicklungen auf der Primärseite größer als auf der Sekundärseite, dann ist die Ausgangsspannung kleiner als die Eingangsspannung. Ist die Anzahl der Wicklungen auf der Sekundärseite größer als auf der Primärseite, dann ist die Ausgangsspannung größer als die Eingangsspannung.

## Trenntransformator und Überträger

Ist die Anzahl der Wicklungen auf beiden Seiten gleich, dann sind die Eingangsspannung $U_E$ und die Ausgangsspannung $U_A$ gleich groß, abzüglich der Verluste durch den Wirkungsgrad.

Man nennt diesen Transformator auch Trenntrafo. Er soll nur zwei Stromkreise aus Sicherheitsgründen voneinander trennen. Trenntrafos dienen

g. [＿＿＿＿＿] galvanischem Trennen der Wechselspannung vom Stromnetz. Überträger dienen zur Datenübertragung und in der Mess- und Regeltechnik zur Tonfrequenz-Übertragung. Das Verhältnis zwischen Spannung und Strom ist umgekehrt proportional zueinander.

Eine Änderung der Spannung h. [＿＿＿＿] Eingang führt i. [＿＿＿＿] einer Änderung des maximal entnehmbaren Stroms am Ausgang (Sekundärseite) des Transformators. Wird die Spannung hinunter transformiert, steigt der zu entnehmbare Strom an. Wird die Spannung herauf transformiert, sinkt der zu entnehmbare Strom. Eine größere Spannung am Ausgang führt zu einem kleineren Strom am Eingang. Eine kleinere Spannung am Ausgang ermöglicht eine größere Stromentnahme.

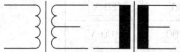

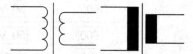

Abb. 5-6　Sekundärseite mit zwei Wicklungen　　　Abb. 5-7　Sekundärseite mit einer Wicklung

## Ringkern-Transformatoren

Ringkern-Trafos bestehen aus einem Ring-Eisenkern j. [＿＿＿＿] den die Primär- und Sekundärspulen gewickelt sind. Ringkern-Trafos haben ein geringes Gewicht, benötigen wenig Platz, haben einen höheren Wirkungsgrad und haben ein geringeres magnetisches Streufeld. Sie

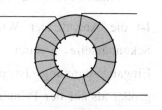

Abb. 5-8　Schema eines Ringkerntrafos

haben dadurch entscheidende Vorteile gegenüber rechteckigen Transformatoren.

## Rechteck-Eisenkern-Transformatoren

Rechteckige Transformatoren werden sehr häufig eingesetzt. Vor allem in Netzteilen und integrierten Spannungsversorgungen. Dort ist die Stromentnahme nicht allzu hoch. Auf ein Steckernetzteil kann oder muss sogar verzichtet werden. Das Gewicht des Eisenkerns macht sich häufig unangenehm bemerkbar und macht einen wesentlichen Teil des Gewichts eines elektronischen Geräts aus. Man kann davon ausgehen, dass der Eisenkern 10% Energieverlust bei der Transformation bringt. Um das auszugleichen werden einfach 10% mehr Windungen gewickelt. Dadurch stellt man das gewünschte Spannungsverhältnis sicher.

*Quelle: http://www.elektronik-kompendium.de*

## I. Fragen zum Text

### 1. Beantworten Sie die nachfolgenden Fragen.

a. Beschreiben Sie das Leistungsgleichgewicht.

b. Was ist ein Wechselfluss?

c. Wovon hängt die Höhe der Induktionsspannung ab?

d. Was passiert, wenn die Spannung hinunter transformiert wird?

### 2. Repetitionsaufgaben.

a. Ein Transformator mit 18 cm² Eisenquerschnitt und Flussdichte 1,1 T soll dimensioniert werden. Wie groß sind die Windungszahlen für 230/24 V, 50 Hz? ($N_1 = 523$, $N_2 = 55$)

b. Ein Transformator überträgt 500 VA. Das Übersetzungsverhältnis ist 15:3 und die Sekundärwicklung hat für 15 V 250 Windungen. Wie groß sind: $N_1$, $U_2$, $I_1$, $I_2$? (Lös. 3825, 15V, 2.17A, 33.3A)

## II. *Grammatik zum Text*

**Füllen Sie die im Text stehenden Lücken mit Präpositionen aus.**

a. _____    b. _____    c. _____    d. _____    e. _____

f. _____    g. _____    h. _____    i. _____    j. _____

## III. *Übersetzen Sie den folgenden Abschnitt aus dem Text ins Chinesische.*

Der Trafo besteht im Prinzip aus zwei nebeneinander liegenden Spulen, mit gleicher oder unterschiedlicher Wicklungsanzahl. Auf der Eingangswicklung wird ein sich änderndes Magnetfeld durch die anliegende Wechselspannung erzeugt. Auf der Ausgangswicklung wird eine Induktionsspannung erzeugt. Die Höhe dieser Spannung ist abhängig vom Wicklungsverhältnis der Primär- und Sekundärseite des Transformators.

_____

_____

_____

_____

## IV. *Textwiedergabe* 🎧

_____

_____

_____

_____

_____

_____

_____

_____

_____

_____

_____

## Text C ▷ Induktion

Es gibt die Induktion der Bewegung und die Induktion der Ruhe. In diesem Zusammenhang gibt es auch den Effekt der Wirbelströme und die Selbstinduktion.

### Induktion der Bewegung（Generatorprinzip）

Die Induktion der Bewegung ist ein Vorgang, bei dem durch Bewegung eines Leiters in einem Magnetfeld eine Spannung erzeugt wird. Dieses Prinzip wird auch in einem Generator angewendet, bei dem durch das Drehen eines Rotors in einem Magnetfeld eine Wechselspannung erzeugt wird. Deshalb wird diese Art der Induktion auch Generatorprinzip genannt. Die Induktion der Bewegung beruht auf der Tatsache, dass in einem Magnetfeld auf bewegte Ladungen eine Kraft ausgeübt wird (stromdurchflossener Leiter). Wird dieser Leiter bewegt, egal ob durch das Magnetfeld oder durch Bewegung, werden die im Leiter befindlichen Elektronen bewegt. Diese Elektronen bauen dann ein Magnetfeld auf.

### Induktion der Ruhe（Transformatorprinzip）

Die Induktion der Ruhe ist ein Vorgang, bei dem Spule (Leiter) und Magnetfeld an ihren Positionen unverändert bleiben. Stattdessen wird im Magnetfeld der magnetische Fluss $\Phi$ (Phi) verändert. Diese Flussänderung erzeugt eine Spannung. Man spricht davon, dass sich in dieser Spule der magnetische Fluss ändert und dadurch eine Spannung in der Spule induziert (erzeugt, hinzugefügt) wird. Der magnetische Fluss wird in der Regel durch die Änderung einer Wechselspannung verändert. Die Frequenz der Wechselspannung bleibt dafür gleich. Das Prinzip der Induktion der Ruhe wird Transformatorprinzip genannt.

## Wirbelstrom / Wirbelströme

Bei der Induktion der Bewegung entstehen Spannungen und damit auch Ströme, die scheinbar ungeordnet verlaufen. Diese Ströme erzeugen Magnetfelder, die der Bewegungsrichtung entgegen wirken und die Bewegung bremsen. Diese Ströme werden Wirbelströme genannt.

## Selbstinduktion

Der Begriff der Selbstinduktion kommt im Zusammenhang mit Spulen und Relais vor. Wird der durch eine Spule fließende Strom abgeschaltet, baut sich das Magnetfeld im Eisenkern ab. Wenn diese Energie in Form eines Stroms nicht abfließen kann, dann entsteht kurzzeitig eine viel höhere Spannung als vorher an der Spule angelegt war. Diese Spannung wird Selbstinduktionsspannung genannt. Den Effekt der kurzzeitigen Spannungserhöhung durch die Stromkreisunterbrechung nennt man Selbstinduktion. Die Selbstinduktionsspannung wirkt immer der Änderung des elektrischen Stroms entgegen. Die Selbstinduktionsspannung ist abhängig von:

- Induktivität $L$ der Spule
- Stromänderung $\Delta I$
- Dauer/Zeit $\Delta t$ der Stromänderung

Es gilt die Formel:

$$U_L = \frac{L \cdot \Delta I}{\Delta t} \tag{5-2}$$

Die Selbstinduktionsspannung ist umso größer, je größer die Induktivität $L$

ist, je größer die Stromänderung $\Delta I$ ist, je kleiner die Zeit $\Delta t$ der Stromänderung ist.

Der Einfluss der Spule auf die Selbstinduktionsspannung wird durch den Selbstinduktionskoeffizienten angegeben. Man nennt diesen auch Induktivität.

**Abb. 5-9    Schaltzeichen**

## Spule und Induktivität

Eine Spule ist ein elektronisches Bauelement. Eine typische Spule ist ein fester Körper, der mit einem Draht umwickelt ist. Dieser Körper muss allerdings nicht zwingend vorhanden sein. Er dient meist nur zum Stabilisieren des dünnen Drahts. Die besondere Eigenschaft einer Spule ist die Induktivität. Was dem Kondensator die Kapazität ist, ist der Spule die Induktivität.

Die Induktivität ist die Fähigkeit einer Spule in den eigenen Windungen durch ein Magnetfeld eine Spannung zu erzeugen. Man spricht davon, dass die Spule eine Spannung induziert. Der Auslöser ist das Magnetfeld der Spannung. Eine Spule hat eine Induktivität von 1 H, wenn bei gleichförmiger Stromänderung von 1 A in einer Sekunde eine Selbstinduktionsspannung von 1 V entsteht. Der Begriff Induktivität wird allgemein auch als Überbegriff für verschiedene Spulen verwendet.

## Einheit und Formelzeichen

Das Formelzeichen ist das große L. Die Induktivität L hat die Einheit $\Omega$s. Die Einheit $\Omega$s hat die Bezeichnung H (Henry).

In der Elektronik werden meist kleine Spulen mit einer kleinen Induktivität in mH angegeben.

| | | | |
|---|---|---|---|
| Henry | 1 H | 1 H | 100 H |
| Millihenry | 1 mH | 0,001 H | $10^{-3}$ H |

| Mikrohenry | 1 $\mu$H | 0,000001 H | $10^{-6}$ H |
| Nanohenry | 1 nH | 0,000000001 H | $10^{-9}$ H |

*Quelle*: *http*://*www.elektronik-kompendium.de*/*sites*/*grd*/*1003151.htm*

Ⅰ. *Fragen zum Text*

1. Was bedeutet das Prinzip der Induktion der Bewegung?

2. Was bedeutet das Prinzip der Induktion der Ruhe?

3. Beschreiben Sie den Begriff der Selbstinduktion.

4. Was ist eine typische Spule?

5. Was ist die Induktivität?

Ⅱ. *Grammatik zum Text*

**Ergänzen Sie den Genitiv.**

a. der Effekt _____ Wirbelströme

b. die Bewegung _____ Leiter _____

c. das Drehen _____ Rotor _____

d. die Art _____ Induktion

e. die Frequenz _____ Wechselspannung

f. der Effekt _____ kurzzeitig _____ Spannungserhöhung

g. die Änderung _____ elektrisch _____ Strom _____

h. die Zeit _____ Stromänderung

Ⅲ. *Übersetzen Sie die folgenden Sätze ins Chinesische.*

1. Die Induktion der Bewegung beruht auf der Tatsache, dass in einem Magnetfeld auf bewegte Ladungen eine Kraft ausgeübt wird.

2. Wird dieser Leiter bewegt, egal ob durch das Magnetfeld oder durch Bewegung, werden die im Leiter befindlichen Elektronen bewegt.

3. Bei der Induktion der Bewegung entstehen Spannungen und damit auch Ströme, die scheinbar ungeordnet verlaufen.

4. Wird der durch eine Spule fließende Strom abgeschaltet, baut sich das Magnetfeld im Eisenkern ab.

5. Der Begriff Induktivität wird allgemein auch als Überbegriff für verschiedene Spulen verwendet.

Ⅳ. *Textwiedergabe* 🎧

## Lückentest

1. Der Transformator ist eines der wichtigsten _____ in der Wechselstromtechnik.

2. Ein Transformator _____ niedrige Spannungen in höhere Spannungen _____ und umgekehrt.

3. Die _____ und die _____ Eigenschaften spielen eine entscheidende Rolle für den Transformator.

4. Ein idealer Transformator ist ein Transformator ohne _____.

5. Das _____ , gibt das Verhältnis der Spannung auf der Primärseite zur Spannung auf der Sekundärseite an.

6. Das Prinzip der Induktion der Bewegung wird auch _____ genannt. Das Prinzip der Induktion der Ruhe wird _____ genannt.

7. Bei der Induktion der Bewegung entstehen Spannungen und damit auch Ströme. Diese Ströme werden _____ genannt.

8. Der Begriff der _____ kommt im Zusammenhang mit Spulen und Relais vor.

9. Eine typische Spule ist ein fester Körper, der mit einem _____ umwickelt ist. Die besondere Eigenschaft einer Spule ist die _____.

10. Das Formelzeichen der Induktivität ist das große _____ , deren Einheit _____ ist.

11. Wird die Spannung _____ transformiert, steigt der zu entnehmbare Strom an. Wird die Spannung herauf transformiert, _____ der zu entnehmbare Strom.

12. _____ bestehen aus einem Ring-Eisenkern um den die Primär- und Sekundärspulen gewickelt sind. Sie haben dadurch entscheidende Vorteile gegenüber _____ Transformatoren.

## Vokabelliste

| | | |
|---|---|---|
| der | Auslöser，- | 起因 |
| die | Belastung，-en | 负荷 |
| das | Drehstromsystem，-e | 三相交流系统 |
| der | Einkristall，-e | 单晶体 |
| die | Einschaltimpulse，-e | 触发脉冲 |
| die | Energieversorgung，-en | 能源供应 |
| der | Ersatz | 代替物 |
| das | Ersatzschaltbild，-er | 等效电路图 |
| das | Gefüge，- | 构造,结构 |
| das | Generatorprinzip，-ien | 发电机原理 |
| der | Hinblick，im Hinblick auf | 考虑到,鉴于 |
| die | Hystereseschleife，-en | 磁滞回线 |
| der | Hystereseverlust，-e | 磁滞损耗 |
| die | Induktion，-en | 感应 |
| der | Isoliertransformator，-en | 隔离变压器 |
| das | KKW＝Kernkraftwerk，-e | 核电站 |
| die | Klemme，-en | 夹子,钳子 |
| die | Klemmenspannung，-en | 端电压 |
| der | Kriechvorgang，⸚e | 蠕变过程 |
| das | Kupfer | 铜 |
| der | Kupferverlust，-e | 铜耗 |
| der | Leerlauf，⸚e | 空载 |
| das | Leistungsgleichgewicht，-e | 功率平衡 |
| der | Leiter，- | 导体 |
| die | Maschengleichung，-en | 电路方程,网络方程 |
| der | Messwandler，- | 变换器,传感器 |
| die | Nährung，-en | 近似值 |
| der | Nennbetrieb，-e | 额定工作状态 |

| | | |
|---|---|---|
| die | Netzspannung，-en | 电源电压 |
| das | Netzteil，-e | 电源 |
| die | Oberspannung，-en | 高压 |
| die | Parallelschaltbarkeit | 并联可能性 |
| der | Phasenwinkel，- | 相位角 |
| die | Primärklemme，-en | 一次侧电路端子 |
| der | Querzweig，-e | 横向分支 |
| der | Rotor，-en | 转子 |
| die | Regeltechnik，-en | 自动控制技术 |
| das | Relais，- | 继电器 |
| der | Ringkern，-e | 环形 |
| das | Schaltungselement，-e | 电路元件 |
| die | Selbstinduktion，-en | 自感 |
| der | Spartransformator，-en | 自耦变压器 |
| das | Streufeld，-er | 散射场 |
| der | Streublindwiderstand，⸚e | 漏电抗 |
| die | Stromentnahme，-n | 损耗电流 |
| der | Überbegriff，-e | 总称 |
| das | Übersetzungsverhältnis，-se | 变换系数 |
| der | Umspanner，- | 变压器 |
| die | Unterspannung，-en | 低压 |
| die | Verformung，-en | 变形 |
| der | Vorrat，⸚e | 储存 |
| der | Wandler，- | 变压器 |
| die | Wechselstromtechnik，-en | 交流电技术 |
| der | Wirbelstrom，⸚e | 涡流 |
| der | Wirkungsgrad，-e | 效率 |
| das | Zeigerbild，-er | 向量图 |
| der | Zweig，-e | 分支,支路 |
| | abfließen | 流出 |
| | abschalten | 关闭 |

| | |
|---|---|
| ausüben | 施加 |
| beruhen auf ＋ A | 根据 |
| etw.（D）entgegen | 与……相反 |
| induzieren | 通过感应产生 |
| sich abbauen | 逐渐减少,消除 |
| speisen | 供给 |
| starr | 刚性的 |
| stets | 总是,随时 |
| stufenlos | 不分级的 |
| überlagern | 重叠,叠加 |
| überwiegen | 超重 |
| umrechnen | 换算 |
| ungeordnet | 不规则的,杂乱无章的 |
| vornehmen | 实施,进行 |
| weglassen | 忽略 |
| wickeln | 环绕 |

# Thema 6

# Grundlagen der Signal- und Systemtheorie

Unter Signal verstehen wir allgemein eine abstrakte Beschreibung einer veränderlichen Größe. Die unabhängige Variable ist dabei in den meisten Fällen die Zeit, d.h. das Signal beschreibt den zeitlichen Verlauf der Größe. Wir unterscheiden zwischen einer kontinuierlichen und diskreten (diskontinuierlichen) Zeitvariablen. So stellt z.B. ein Sprachsignal bzw. der dadurch an einem Mikrophon hervorgerufene Spannungsverlauf ein zeitkontinuierliches Signal dar, während es sich beim täglichen Börsenschlusskurs einer Aktie um ein zeitdiskretes Signal handelt. Zeitkontinuierliche Signale werden mathematisch durch Funktionen, zeitdiskrete Signale durch Folgen beschrieben.

| | zeitkontinuierlich | zeitdiskret |
|---|---|---|
| wertkontinuierlich | 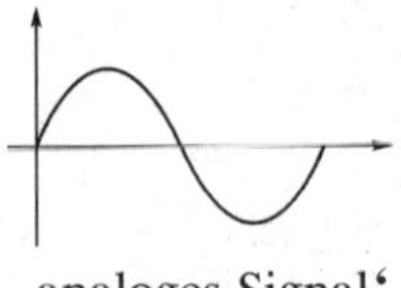 ,analoges Signal' | 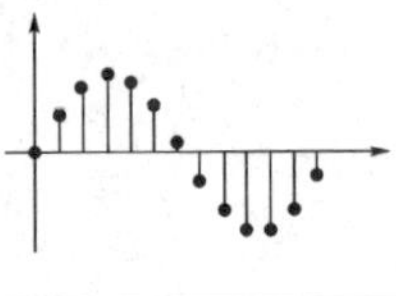 |
| wertdiskret | 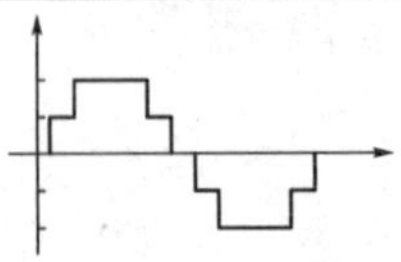 | 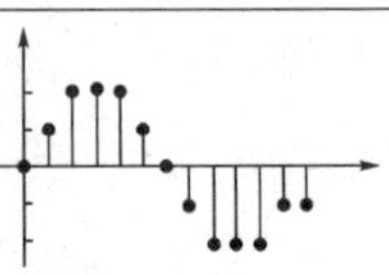 ,digitales Signal' |

Abb. 6-1   Übersicht kontinuierliche und diskrete Signale

## Kontinuierliche und diskrete Signale

Die Begriffe kontinuierlich und diskret beziehen sich sowohl auf die unabhängigen Variablen (Raumkoordinaten $x$, $y$, $z$; Raumwinkel $\alpha$, $\beta$, $\gamma$; Länge $l$; Zeit t; Frequenz $f$; Wellenlänge $\lambda$ usw.) als auch auf die abhängige Variable $x$.

Ein kontinuierliches Signal liegt dann vor, wenn dieses jeden beliebigen Wert der unabhängigen Variablen annehmen kann. Dagegen wird ein diskretes Signal nur diskret, das heißt, es kann höchstens abzählbar viele Werte bezüglich der unabhängigen und/oder abhängigen Variablen annehmen. Da fast alle physikalischen Größen kontinuierlich sind, entstehen nichtkontinuierliche Signale meistens künstlich. Das Erzeugen diskreter Signale aus kontinuierlichen Signalen nennt man das Diskretisieren.

Generell ist eine physikalische Größe eine Funktion von Raum und Zeit. Wegen des Aufwandes ist es nicht möglich (und oft auch nicht sinnvoll), den Wert einer Größe an jedem Raumpunkt und zu jedem Zeitpunkt zu ermitteln. Man wird also ein Netz von Sensoren im Raum installieren und deren Messergebnisse nur zu bestimmten Zeitpunkten abfragen und verarbeiten. Im Minimalfall erfolgt eine Messung nur an einem einzigen Ort und zu einem einzigen Zeitpunkt.

Das Diskretisieren kontinuierlicher Signale bedeutet bezüglich der unabhängigen Variablen das räumliche bzw. zeitliche Abtasten mit der Abtastperiodendauer $\Delta ts$ und bezüglich der abhängigen Variablen das Quantisieren mit dem Quantisierungsintervall $\Delta xq$.

## Wertkontinuierliche und wertdiskrete Signale

Signale, die aus einem System anfallen, sind entweder wertkontinuierlich oder wertdiskret. Sie werden durch Messen (Sensoren) oder durch Abzählen (Detektoren) erfasst. Wie bereits festgestellt wird das Diskretisieren wertkontinuierlicher Signale Quantisieren genannt. In der Statistik hingegen nennt man es Klassieren, im täglichen Umgang Runden (Aufrunden, Abrunden), und nachfolgend sollen diese Größen klassierte, wertdiskrete Signale benannt werden.

Falls wertdiskrete Signale sehr viele Werte annehmen können, zum Beispiel mehr als zehn, dann empfiehlt es sich, bei einigen Aufgabenbereichen mehrere Merkmalswerte durch Klassieren in Klassen zusammenzufassen. Bezüglich der Signalwerte liegt demnach immer eine der drei Signalvarianten vor:

- wertkontinuierliches Signal
- wertdiskretes unklassiertes Signal
- wertdiskretes klassiertes Signal

## Zeitkontinuierliche und zeitdiskrete Signale

Größen, die aus einem Prozess anfallen, sind entweder zeitkontinuierlich oder zeitdiskret. Ein zeitdiskretes Signal kann nur zu bestimmten Zeitpunkten $t_k = k \cdot \Delta ts$ $(k = -K; \cdots -k; \cdots -2; -1; 0; 1; 2; \cdots k; \cdots K)$ einen Wert annehmen (Wertefolge, Impulsfolge, Datensequenz, Wertekette; „time series"). Ein solches Signal wird folgendermaßen gekennzeichnet: $x(t_k)$. Zeitdiskrete Signale entstehen durch Abtasten zeitkontinuierlicher Größen.

Zeitkontinuierliche Größen werden hauptsächlich deswegen abgetastet, weil das Verarbeiten und insbesondere das Abspeichern unendlich vieler Datenwerte nicht durch endlichen Aufwand erreicht werden kann. Abtasten ist zulässig, weil im vollständigen Signal normalerweise mehr Information steckt als benötigt wird (Redundanz). Wenn man zum Beispiel durch Abtasten nur während gewisser Zeitpunkte $t_k$ die notwendige Information einer Größe abfragt, so können in der Zwischenzeit (mit dem gleichen Gerät) andere Messgrößen abgetastet oder im Rechner andere Aufgaben erledigt werden (Mehrfachnutzung).

*Quelle: https://commons.wikimedia.org*

## I. *Fragen zum Text*

**Erklären Sie die folgenden Begriffe.**

a. Kontinuierliche und diskrete Signale

b. Wertkontinuierliche und wertdiskrete Signale

c. Zeitkontinuierliche und zeitdiskrete Signale

## II. *Grammatik zum Text*

**Verbinden Sie bitte die Sätze mit den folgenden Konjunktionen.**

> wenn   weil   während   dass   sowohl... als auch

a. Es wurde festgestellt, _____ das Diskretisieren wertkontinuierlicher Signale Quantisieren genannt wird.

b. Ein zeitkontinuierliches Signal stellt dar, _____ es sich beim täglichen Börsenschlusskurs einer Aktie um ein zeitdiskretes Signal handelt.

c. Die Begriffe kontinuierlich und diskret beziehen sich _____ auf die unabhängigen Variablen _____ auf die abhängige Variable.

d. Ein kontinuierliches Signal liegt dann vor, _____ dieses jeden beliebigen Wert der unabhängigen Variablen annehmen kann.

e. _____ fast alle physikalischen Größen kontinuierlich sind, entstehen nichtkontinuierliche Signale meistens künstlich.

## III. *Übersetzen Sie die folgenden Sätze ins Chinesische.*

1. Die unabhängige Variable ist dabei in den meisten Fällen die Zeit, d.h. das Signal beschreibt den zeitlichen Verlauf der Größe.

_____

2. Das Erzeugen diskreter Signale aus kontinuierlichen Signalen nennt man das Diskretisieren.

_____

3. Man wird also ein Netz von Sensoren im Raum installieren und deren Messergebnisse nur zu bestimmten Zeitpunkten abfragen und verarbeiten.

4. Falls wertdiskrete Signale sehr viele Werte annehmen können, zum Beispiel mehr als zehn, dann empfiehlt es sich, bei einigen Aufgabenbereichen mehrere Merkmalswerte durch Klassieren in Klassen zusammenzufassen.

_____

_____

## IV. *Textwiedergabe* 🎧

_____

_____

_____

_____

_____

_____

_____

_____

_____

_____

_____

_____

_____

## Text B > Systeme

Ganz allgemein stellt ein System eine mehr oder weniger komplexe Anordnung aus allen, insbesondere jedoch technischen, Bereichen des Lebens dar, welche auf äußeren Anregungen oder Einflüsse in bestimmter Weise Reaktionen zeigt. So reagiert ein System „Auto" auf Anregungen wie Lenkeinschlag und Gaspedalstellung, sowie auf äußere Einflüsse oder Störungen wie Fahrbahnunebenheiten mit einem zeitabhängigen Orts- und Geschwindigkeitsverlauf. Die Finanzmärkte reagieren auf Informationen der Unternehmen und Analysen, sowie die wirtschaftliche Situation mit variierenden Börsenkursen. Ein elektrisches Netzwerk reagiert auf das Anlegen einer Spannung am Eingang mit einem zeitlichen Verlauf der Ausgangsspannung. Ein digitales Filter reagiert auf eine Eingangszahlenfolge mit einer Ausgangszahlenfolge.

Die Systemtheorie beschäftigt sich mit der mathematischen Beschreibung und Berechnung von solchen Systemen. Hierzu befreit man die Anregungen oder Reaktionen von ihren physikalischen Einheiten und beschreibt sie mathematisch als Funktionen unabhängiger Variablen, meistens der Zeit, aber auch des Ortes etc. Die Anregungen oder Einflüsse werden als Eingangssignale, die Reaktionen als Ausgangssignale bezeichnet. Das System wird in gleicher Weise abstrahiert und als mathematisches Modell, beispielsweise eine Differentialgleichung, beschrieben.

Komplexe Systeme wie Auto oder Finanzmarkt sind im Allgemeinen nur sehr schwer und unvollständig zu erfassen. Das Problem stellt hier die Modellbildung dar, bei der die vielen Eingangs-und Ausgangsgrößen und ihre Beziehungen zueinander nicht bekannt oder nicht quantifizierbar sind. Im Rahmen der Systemtheorie beschränken wir uns auf einfachere Systeme, wie elektrische Netzwerke oder digitale Filter. Dabei treten als Problemstellungen die Systemanalyse (z.B. Übertragungsverhalten einer Telefonleitung) und die

Systemsynthese (z.B. Filterentwurf) auf.

Unter System verstehen wir allgemein eine abstrahierte Anordnung, die mehrere Signale zueinander in Beziehung setzt. Dies entspricht der Abbildung eines oder mehrerer Eingangssignale auf ein oder mehrere Ausgangssignale; wir beschränken uns jedoch auf den Fall mit jeweils einem Ein- und Ausgangssignal. Entsprechend den Signalen unterscheiden wir zwischen kontinuierlichen und diskreten Systemen. Ein elektrisches Netzwerk aus Widerständen, Kondensatoren und Spulen ist ein Beispiel für ein kontinuierliches System, ein digitales Filter ein Beispiel für ein diskretes System. Damit kommen wir zur Definition:

Ein (zeit-)kontinuierliches System ist eine Abbildung H, die einem zeitkontinuierlichem Eingangssignal ein zeitkontinuierliches Ausgangssignal zuordnet:

$$y(t) = H\{x(t)\} \tag{6-1}$$

Ein (zeit-)diskretes System ist eine Abbildung H, die einem zeitdiskretem Eingangssignal ein zeitdiskretes Ausgangssignal zuordnet:

$$y(k) = H\{x(k)\} \tag{6-2}$$

Abb. 6-2 zeigt die entsprechende schematische Darstellung. Bei der mathematischen Beschreibungsform handelt es sich im Allgemeinen um Differentialgleichungen für kontinuierliche, und um Differenzengleichungen für diskrete Systeme. Man beachte, dass es sich hierbei um eine abstrakte Systembeschreibung unabhängig von der Realisierung handelt. So können unterschiedliche Realisierungen (aber auch unterschiedliche Problemstellungen) auf dieselbe mathematische Systembeschreibung führen.

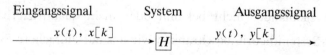

Abb. 6-2　System mit Eingangs- und Ausgangssignal

## Klassifizierung der Systeme

- Statische und dynamische Systeme

Bei einem statischen Modell hängt die Antwort nur vom augenblicklichen Wert des Eingangssignals ab. Ein dynamisches Modell zeichnet sich hingegen durch die Zeitabhängigkeit des Modellzustandes ab, das heißt Abhängigkeit nicht nur vom augenblicklichen Wert des Eingangssignals, sondern auch von vergangenen oder aber auch von zukünftigen Werten. Man sagt auch, ein dynamisches System hat ein „Gedächtnis".

- Zeitvariante und zeitinvariante Systeme

Zeitinvarianz bedeutet, dass die Form der Reaktion eines Systems unabhängig davon ist, wann das Signal eintrifft (Bsp.: Rakete, zeitlich veränderbare Systemparameter, Masseänderung), (Bsp.: Feder-Masse-System, zeitlich konstante Systemparameter).

- Lineare und nichtlineare Systeme

Ein System heißt linear, wenn die Systemgleichung $y(t) = g(u(t))$ für beliebige $u(t)$ und für alle Zeiten $t$ folgende Eigenschaften besitzt:

$$\text{(Homogenität) } g(cu(t)) = cg(u(t)) \tag{6-3}$$
$$\text{mit } c \text{ -beliebige Konstante}$$

$$\text{(Superposition) } g(u_1(t) + u_2(t)) = g(u_1(t)) + g(u_2(t)) \tag{6-4}$$
$$\text{wobei } u_{1;2}(t) \text{ beliebige Signale}$$

Ein System ist nichtlinear, wenn das Homogenitäts- und/oder Superpositionsprinzip verletzt wird. Zwei wichtige Eigenschaften, die Systeme aufweisen können sind Linearität und Zeitinvarianz. Diese beiden Eigenschaften sind unabhängig voneinander, es können alle Kombinationen auftreten. Systeme die sowohl linear, als auch zeitinvariant sind, werden als LTI-Systeme bezeichnet.

*Quelle: https://commons.wikimedia.org*

## I. *Fragen zum Text*

**Erklären Sie die folgenden Begriffe.**

a. Statische und dynamische Systeme

b. Zeitvariante und zeitinvariante Systeme

c. Lineare und nichtlineare Systeme

## II. *Grammatik zum Text*

**Ergänzen Sie die Sätze mit den folgenden Verben. Beachten Sie dabei bitte die richtige Präposition.**

beschäftigen    aufweisen    reagieren    bezeichnen    erfassen

a. Die Finanzmärkte _____ _____ Informationen der Unternehmen und Analysen，sowie die wirtschaftliche Situation mit variierenden Börsenkursen.

b. Die Systemtheorie _____ _____ _____ der mathematischen Beschreibung und Berechnung von solchen Systemen.

c. Die Anregungen oder Einflüsse werden _____ Eingangssignale，die Reaktionen _____ Ausgangssignale _____ .

d. Komplexe Systeme wie Auto oder Finanzmarkt sind im Allgemeinen nur sehr schwer und unvollständig zu _____ .

e. Zwei wichtige Eigenschaften，die Systeme _____ können，sind Linearität und Zeitinvarianz.

## III. *Übersetzen Sie die folgenden Sätze ins Chinesische.*

1. Die Anregungen oder Einflüsse werden als Eingangssignale，die Reaktionen als Ausgangssignale bezeichnet.

2. Das System wird in gleicher Weise abstrahiert und als mathematisches Modell, beispielsweise eine Differentialgleichung, beschrieben.

_____

_____

3. Im Rahmen der Systemtheorie beschränken wir uns auf einfachere Systeme, wie elektrische Netzwerke oder digitale Filter.

_____

4. Unter System verstehen wir allgemein eine abstrahierte Anordnung, die mehrere Signale zueinander in Beziehung setzt.

_____

_____

## Ⅳ. Textwiedergabe 🎧

_____

_____

_____

_____

_____

_____

_____

_____

_____

_____

_____

_____

_____

_____

# Text C  Modell

Viele reale Systeme sind sehr komplex. Um solche Systeme zu analysieren, muss man sie zuerst irgendwie vereinfacht darstellen, sei es als verbale Beschreibung, als Zeichnung, Funktionsschema oder als mathematische Gleichung. Eine solche vereinfachte Darstellung eines wirklichen Systems, bei der wichtige Eigenschaften erhalten bleiben sollen, heißt Modell. Im antiken Rom nannte man die verkleinerte Nachbildung eines Gebäudes Modules, wovon sich unser heutiges Wort „Modell" ableitet.

Ein Modell dient dazu, das System (besser) zu verstehen, sein Verhalten vorherzusagen oder zu kontrollieren und Untersuchungen zu ermöglichen, die am realen System zu aufwendig, zu teuer oder zu gefährlich wären bzw. aus ethischen Gründen abzulehnen sind. An einem Modell können nämlich relativ leicht Veränderungen vorgenommen, deren Auswirkungen untersucht und damit Informationen gewonnen werden, die im realen System nicht direkt zugänglich sind. Abhängig von der Betrachtungsweise oder der Fragestellung werden bei der Modellbildung gewisse Systemeigenschaften berücksichtigt und andere vernachlässigt — es kann daher für ein und dasselbe System völlig verschiedene Modelle geben. Jedes Modell ist nur eine beschränkt gültige Abbildung der Realität.

Die Nachbildung des dynamischen Verhaltens eines Systems mit Hilfe von Modellen wird als Simulation bezeichnet ( „Experimentieren mit einem Modell"). Ziel von Systemanalyse, Modellbildung und Simulation ist es, eine zuverlässige, stellvertretende Verhaltensbeschreibung eines realen Systems zu erhalten.

Bei der Vorgangsweise unterscheidet man zwischen der datengetriebenen — auch induktiven, deskriptiven, verhaltensbeschreibenden oder statistischen — Methode, die oft in den Sozial- und Wirtschaftswissenschaften angewendet wird und der prozessgetriebenen-auch deduktiven, strukturtreuen oder verhaltenserklärenden — Methode, wie sie typischerweise in den Natur- und Ingenieurwissenschaften eingesetzt wird.

Statistische Modelle beschreiben also den Zusammenhang zwischen Umwelteinwirkung (Input) und Systemverhalten (Output) nur durch eine „geeignete" mathematische Beziehung, wohingegen bei verhaltenserklärenden Modellen versucht wird, die verhaltensbestimmende Struktur des Systems richtig zu erfassen. Jedenfalls:
- Ohne Systemanalyse kein mathematisches Modell!
- Ohne mathematisches Modell keine Computersimulation!

## Zweck des Modells

Modelle sind immer auch Werkzeuge, die für einen bestimmten Zweck eingesetzt werden sollen:
- Überprüfung einer Hypothese durch den Versuch einer Falsifizierung (Widerlegung): Vergleich der durch Simulation gewonnenen Ergebnisse mit experimentell ermittelten Daten
- Darstellung von nicht direkt beobachtbaren Systemgrößen (z. B. intrazelluläre Konzentrationen von Arzneimitteln)
- Einschränkung von Tierversuchen
- Darstellung pathophysiologischen Verhaltens: Pathologische Faktoren können systematisch in ihrer Auswirkung auf das Systemverhalten untersucht werden (z.B. Stenosen).

Es ist wichtig, zunächst den Anwendungszweck zu betrachten, da dieser den Typ des Modells, die Genauigkeitsanforderungen und die Identifikationsmethode festlegt.

## Mathematische Beschreibung

Umsetzen des Problems in eine geeignete formale Beschreibung durch Gleichungen (z.B. algebraische Gleichungen, Differentialgleichungen). Diese kann—abhängig von der Fragestellung und dem vorhandenen Wissen über das zu untersuchende physiologische System — auf viele verschiedene Arten erfolgen, z.B.:

- linear / nichtlinear
- kontinuierlich / diskret
- „Parameter" konzentriert / verteilt ( gewöhnliche/partielle Differentialgleichungen)
- deterministisch / stochastisch
- statisch / dynamisch

Anwendung von Gesetzmäßigkeiten für die Aufstellung von Gleichungen:

- Physikalische Grundgesetze (Newton, Maxwell)
- Phänomenologische Gleichungen (Diffusion, Wärmeleitung, Ohm'sches Gesetz)
- Bilanzgleichungen ( Erhaltungsgesetze von Masse, Energie, Impuls, Drehimpuls)

*Quelle: https://commons.wikimedia.org*

Ⅰ. *Fragen zum Text*

1. Erklären Sie den Begriff **Modell**.

2. Beschreiben Sie den Zweck des Modells.

3. Nennen Sie die Anwendung von Gesetzmäßigkeiten für die Aufstellung von

Gleichungen.

## II. *Grammatik zum Text*

**Bilden Sie mit den folgenden Wörtern sinnvolle Sätze.**

a. Das Verhalten des Systems, mit dem Modell, kann, verschiedenen Bedingungen, unter, werden, vorausgesagt.

———————————————————————————————

———————————————————————————————

b. Unter, möglichen Modellen, mehreren, werden, am besten, die Messdaten, beschreibt.

———————————————————————————————

c. Das System, mit der Empfindlichkeit, reagiert, auf Parameteränderungen.

———————————————————————————————

## III. *Übersetzen Sie die folgenden Sätze ins Chinesische.*

1. Die Nachbildung des dynamischen Verhaltens eines Systems mit Hilfe von Modellen wird als Simulation bezeichnet.

———————————————————————————————

2. Ziel von Systemanalyse, Modellbildung und Simulation ist es, eine zuverlässige, stellvertretende Verhaltensbeschreibung eines realen Systems zu erhalten.

———————————————————————————————

3. Modelle sind immer auch Werkzeuge, die für einen bestimmten Zweck eingesetzt werden sollen.

———————————————————————————————

4. Es ist wichtig, zunächst den Anwendungszweck zu betrachten, da dieser den Typ des Modells, die Genauigkeitsanforderungen und die Identifikationsmethode festlegt.

_____

_____

## Ⅳ. *Textwiedergabe* 🎧

_____

_____

_____

_____

_____

_____

_____

_____

## Lückentest

1. Unter _____ verstehen wir allgemein eine abstrakte Beschreibung einer veränderlichen Größe.

2. Zeitkontinuierliche Signale werden mathematisch durch _____, zeitdiskrete Signale durch _____ beschrieben.

3. Die zugehörigen Vorgänge zur Erzeugung diskreter Signale aus kontinuierlichen Signalen heißen _____.

4. Im Minimalfall erfolgt eine Messung nur an einem einzigen Ort und zu einem einzigen _____.

5. Signale, die aus einem System anfallen, sind entweder _____ oder wertdiskret.

6. Größen, die aus einem Prozess anfallen, sind entweder zeitkontinuierlich oder _____.

7. Zeitdiskrete Signale entstehen durch _____ zeitkontinuierlicher Größen.

8. Ein elektrisches Netzwerk reagiert auf das Anlegen einer Spannung am Eingang mit einem zeitlichen _____ der Ausgangsspannung.

9. Das System wird in gleicher Weise abstrahiert und als mathematisches Modell, beispielsweise eine _____ , beschrieben.

10. Im Rahmen der _____ beschränken wir uns auf einfachere Systeme, wie elektrische Netzwerke oder digitale Filter.

11. Unter System verstehen wir allgemein eine abstrahierte Anordnung, die mehrere Signale zueinander in _____ setzt.

12. Systeme die sowohl linear, als auch _____ sind, werden als LTI-Systeme bezeichnet.

13. Statistische Modelle beschreiben also den _____ zwischen Umwelteinwirkung und Systemverhalten nur durch eine „geeignete " mathematische Beziehung.

14. An einem Modell können nämlich relativ leicht _____ vorgenommen und deren Auswirkungen untersucht werden.

## Vokabelliste

| | | |
|---|---|---|
| das | Abspeichern | 保存 |
| die | Aktie, -n | 股票 |
| das | Anlegen | 设立,布置 |
| die | Anregung, -en | 刺激,推动 |
| die | Antwort, -en | 应答,响应 |
| das | Arzneimittel, - | 药剂,药品 |
| der | Aufwand, ⸚e | 消耗 |
| die | Ausgangsgröße, -n | 输出值 |
| das | Ausgangssignal, -e | 输出信号 |
| die | Ausgangsspannung, -en | 输出电压 |
| die | Auswirkung, -en | 作用,影响 |
| die | Betrachtungsweise, -n | 思考方法 |

| der | Börsenkurs, -e | 交易所行情 |
|---|---|---|
| der | Börsenschlusskurs, -e | 交易所收盘行情 |
| der | Detektor, -en | 检波器,探测器 |
| die | Differentialgleichung, -en | 微分方程式 |
| die | Differenzengleichung, -en | 差分方程式 |
| das | Diskretisieren | 分散,分离 |
| die | Eingangsgröße, -n | 输入值 |
| das | Eingangssignal, -e | 输入信号 |
| die | Eingangszahlenfolge, -n | 输入数列 |
| die | Fahrbahnunebenheit, -en | 路面不平度 |
| der | Faktor, -en | 因数,因子 |
| die | Falsifizierung, -en | 伪造,反驳 |
| das | Feder-Masse-System, -e | 弹簧质量系统 |
| der | Filter, - | 滤波器,过滤器 |
| der | Filterentwurf, ⸚e | 滤波图样,设计 |
| der | Finanzmarkt, ⸚e | 金融市场 |
| die | Folge, -n | 效果,顺序 |
| die | Gaspedalstellung, -en | 调节节气门踏板 |
| die | Genauigkeitsanforderung, -en | 精度要求 |
| die | Homogenität, -en | 均匀性 |
| die | Hypothese, -n | 假定,假设 |
| die | Identifikationsmethode, -n | 识别方法 |
| das | Intervall, -e | 间隔,区间 |
| die | Kinetik | 动力学 |
| der | Kompartiment, -e | 区划,划分 |
| die | Koppelgleichung, -en | 耦合方程式 |
| der | Lenkeinschlag | 转向回转 |
| die | Masseänderung, -en | 质量改变 |
| die | Modellbildung, -en | 模型图 |
| das | Multiple | 倍数 |
| die | Nachbildung, -en | 仿制品,复制品 |

| | | |
|---|---|---|
| die | Problemstellung, -en | 问题情况,存在的问题 |
| das | Quantisieren | 量子化 |
| die | Rakete, -n | 火箭,导弹 |
| die | Raumkoordinate, -n | 空间坐标 |
| die | Realisierung, -en | 实现,成就 |
| die | Redundanz, -en | 多余信息,冗余 |
| das | Runden | 使成整数 |
| der | Sensor, -en | 传感器 |
| das | Signal, -e | 信号 |
| die | Simulation, -en | 模拟 |
| die | Statistik, -en | 统计,统计学 |
| die | Superposition | 叠置,叠加 |
| die | Systemanalyse, -n | 系统分析 |
| die | Systemsynthese, -n | 系统综合 |
| die | Systemtheorie, -n | 系统学,系统论 |
| die | Telefonleitung, -en | 电话信号,电话线路 |
| der | Transportvorgang, ¨e | 运输过程 |
| das | Übertragungsverhalten, | 传输行为 |
| die | Variable, -n | 变元,变量 |
| die | Vorgangsweise, -n | 程序,过程 |
| die | Widerlegung, -en | 反驳 |
| die | Zeitinvarianz, -en | 时间不变性 |
| | abfragen | 调查,审问 |
| | abrunden | 下舍入,不进位舍入 |
| | abstrahieren | 概括,抽象 |
| | abstrakt | 抽象的,概念化的 |
| | abzählbar | 可数的 |
| | analog | 模拟显示的,类似的 |
| | anfallen | 发生,出现 |
| | annehmen | 接受 |
| | aufrunden | 四舍五入 |

| augenblicklich | 一瞬间的，临时的 |
| befreien | 释放；使自由；免除 |
| bezüglich | 相关的 |
| digital | 数字显示的 |
| diskret | 分散的，不连续的 |
| erfassen | 理解，掌握 |
| erfolgen | 随之产生，出现 |
| folgendermaßen | 如下 |
| hingegen | 反之，与此相反 |
| klassieren | 分级，分类 |
| komplex | 综合的，复杂的 |
| kontinuierlich | 连续的 |
| linear | 线性的 |
| nichtlinear | 非线性的 |
| quantifizierbar | 可以计量的 |
| unvollständig | 不齐全的 |
| ursprünglich | 开始的，原有的 |
| variierend | 变化的，多样化的 |
| veränderlich | 可改变的，不稳定的 |
| zeitinvariant | 时间不变的 |
| zeitvariant | 时间变化的 |
| zueinander | 相互，彼此 |

# Thema 7

## Grundlagen der Antrieb

Bei der Erzeugung und Übertragung elektrischer Energie hat sich weitgehend die Drehstromtechnik durchgesetzt. Für die Aufgaben in der elektrischen Antriebstechnik bietet sich damit in vielen Fällen der robuste Asynchronmotor mit Käfigläufer an.

Infolge der ständig fortschreitenden Automatisierung und der damit verbundenen erhöhten Anforderungen an die Steuer- und Regelbarkeit der Antriebsmaschinen hat sich jedoch die Gleichstrommaschine ihre Anwendungsgebiete erhalten.

Heute wird in starkem Maße mit Hilfe der Leistungselektronik versucht, insbesondere die Drehstromasynchronmaschine genauso zu steuern und zu regeln wie die Gleichstrommaschine, ohne den wartungsbedürftigen Kommutator in Kauf nehmen zu müssen. Wegen der geringen Kosten wird jedoch der Gleichstrom-Regelantrieb auch weiterhin eingesetzt.

Gleichstrommaschinen werden für Leistungen von wenigen Watt bis zu etwa 10.000 kW gebaut. Die Anwendungsgebiete mittlerer und höherer Leistungen liegen vor allem bei geregelten Industrieantrieben (Walzwerke, Papier- und Textilindustrie, Fördermaschinen) und bei den elektrischen Fahrzeugantrieben (Nahverkehrsbahnen, dieselelektrische Traktion für Bahnen und Schiffe). Motoren kleinerer Leistungen findet man z. B. in

Kraftfahrzeugen (Stellmotor, Anlasser, Scheibenwischermotor) oder als sog. Servoantriebe (Positionierung von Werkzeugen oder Nachführen von Schreibern und Antennen).

## Aufbau

Abb. 7-1 zeigt das Grundschema einer 4-poligen Gleichstrommaschine. Der Ständer besteht aus dem Jochring und den an diesen angeschraubten Hauptpolen mit der Erregerwicklung (Feldwicklung). Der Läufer (Anker) trägt die in Nuten verteilte Ankerwicklung, deren Wechselströme über den Kommutator und die Bürsten gleichgerichtet werden. Zwischen den Hauptpolen ist meist ein weiterer, kleinerer Pol (Wendepol) mit der sog. Wendepolwicklung angeordnet. Größere oder besonders hochwertige Maschinen besitzen eine dritte Wicklung im Ständer (Kompensationswicklung), die in Nuten verteilt in den Hauptpolschuhen untergebracht ist.

Die Wendepol- und Kompensationswicklung haben die gleiche Wicklungsachse wie die Ankerwicklung, jedoch eine entgegengesetzte Stromflussrichtung. Sie dienen zur Kompensation des Ankerfeldes, die Wendepolwicklung soll außerdem die Stromwendung verbessern. Der Läufer ist zur Vermeidung von Eisenverlusten stets geblecht. Aus fertigungstechnischen Gründen sind die Pole in der Regel geblecht. Der Jochring kann massiv ausgeführt werden, bei dynamisch hochbeanspruchten Maschinen ist er auch geblecht.

Die Ankerwicklung ist entweder als Schleifen- oder als Wellenwicklung ausgeführt. Bei der in Abb.7-2 dargestellten Schleifenwicklung ist jede Spule an zwei nebeneinander liegende, gegeneinander isolierte Kommutatorlamellen angeschlossen und mit den benachbarten Spulen verbunden. Der Kommutator hat die Aufgabe, die in der Ankerwicklung induzierte Wechselspannung gleichzurichten. Dieses wird durch eine Umschaltung erreicht, so dass an den Bürsten eine Gleichspannung abgenommen werden kann.

Kleinere Gleichstrommaschinen sind häufig einfacher aufgebaut. Der Ständer ist komplett aus Blechen gestanzt und enthält oft Permanentmagnete zur Felderregung.

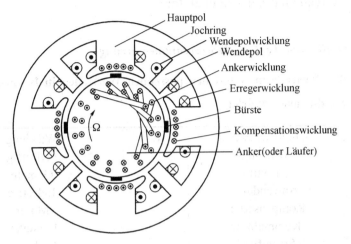

**Abb. 7-1   Grundschema einer 4-poligen Gleichstrommaschine**

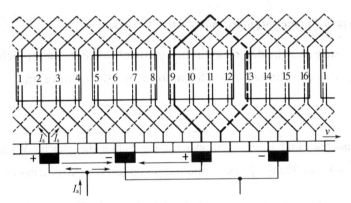

**Abb. 7-2   Schleifenwicklung einer 4-poligen Gleichstrommaschine**

*Quelle*: *Vorlesung Elektrische Maschinen und Antriebe*, S. 8.

Ⅰ. *Fragen zum Text*

1. In welchen Gebieten werden die Gleichstrommaschinen eingesetzt?

2. Warum ist der Läufer stets geblecht?

3. Nennen Sie neun wichtige Bauteile einer 4-poligen Gleichstrommaschine.

4. Welche Aufgabe hat der Kommutator?

## II. *Grammatik zum Text — Wortzusammensetzung*

**Setzen Sie die Wortteile in A mit den passenden Wortteilen in B zusammen und übersetzen Sie die neuen Wörter.**

| A. | | B. | |
|---|---|---|---|
| | Scheibenwischer | | Wicklung |
| | Wartung | | bedürftig |
| | Textil | | Gebiete |
| | Anwendung | | Industrie |
| | Kompensation | | Motor |
| | Kommutator | | Lamellen |
| | Stromfluss | | Richtung |

## III. *Übersetzen Sie die folgenden Sätze ins Chinesische.*

1. Für die Aufgaben in der elektrischen Antriebstechnik bietet sich damit in vielen Fällen der robuste Asynchronmotor mit Käfigläufer an.

2. Die Wendepol- und Kompensationswicklung haben die gleiche Wicklungsachse wie die Ankerwicklung, jedoch eine entgegengesetzte Stromflussrichtung.

3. Heute wird in starkem Maße mit Hilfe der Leistungselektronik versucht, insbesondere die Drehstromasynchronmaschine genauso zu steuern und zu regeln wie die Gleichstrommaschine, ohne den wartungsbedürftigen Kommutator in Kauf nehmen zu müssen.

4. Die Wendepol- und Kompensationswicklung haben die gleiche Wicklungsachse wie die Ankerwicklung, jedoch eine entgegengesetzte Stromflussrichtung. Sie dienen zur Kompensation des Ankerfeldes, die Wendepolwicklung soll außerdem die Stromwendung verbessern.

_____

_____

_____


Ⅳ. *Textwiedergabe*

_____

_____

_____

_____

_____

_____

_____

_____

_____

_____

_____

_____

_____

_____

_____

_____

## Text B  Generatoren

### Frequenz und Polpaarzahl

Durch Drehung des Magneten bei der Innenpolmaschine（Abb._____）ändert das Magnetfeld in der Spule seine Richtung und Stärke. Damit ändert sich der magnetische Fluss $\Phi$, der die feste Spule im Ständer（Stator）der Maschine durchdringt. In der Ständerspule wird eine Wechselspannung u erzeugt, deren Periodendauer T so groß ist wie die Zeit für die Umdrehung des Magneten（Abb._____）. Diese Wechselspannung erreicht den höchsten Wert, wenn der magnetische Fluss $\Phi$ durch die Spule seine Richtung ändert. Dann ist die Flussänderung in der Spule am größten. Im Scheitelwert des Flusses ändert sich der Fluss kurzzeitig nicht, deshalb wird auch keine Spannung induziert.

Die induzierte Spannung ist immer so gepolt, dass der entstehende Induktionsstrom mit seinem Magnetfeld dem Auf- und Abbau des ursächlichen Magnetfeldes entgegenwirkt.

Dreht sich bei einer Innenpolmaschine mit der Polpaarzahl $p = 1$ （Abb._____）das Polrad in der Sekunde 50-mal, so hat die entstehende Wechselspannung die Frequenz $f = 50$ Hz.

Bei einer Innenpolmaschine mit der Polpaarzahl $p = 2$（Abb._____）entsteht bei gleicher Umdrehungsfrequenz $n$ （Drehzahl）die doppelte Frequenz $f = 100$ Hz.

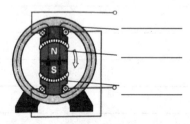

**Abb. 7-3  Wechselstromgenerator**

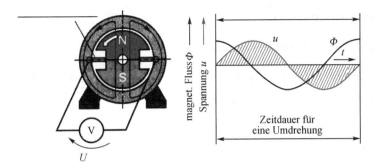

**Abb. 7-4    Innenpolmaschine mit einem Polpaar**

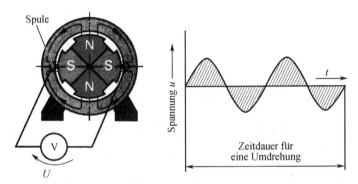

**Abb. 7-5    Innenpolmaschine mit zwei Polpaaren**

*Quelle: Elektrotechnik Grundbildung, S. 112.*

Ⅰ. *Fragen zum Text*

1. Ergänzen Sie im Text die Verweise auf die Abbildungen.

2. Definieren Sie Frequenz, Polzahl und Polpaarzahl, und erklären Sie ihre Beziehung untereinander.

3. Tragen Sie die Benennungen in die Abbildungen ein.

4. Ergänzen Sie die Übersicht.

## II. *Grammatik zum Text*

**Verkleinern Sie die folgenden Sätzen.**

a. Damit ändert sich der magnetische Fluss Φ, der die feste Spule im Ständer (Stator) der Maschine durchdringt.

 

b. In der Ständerspule wird eine Wechselspannung u erzeugt, deren Periodendauer T so groß ist wie die Zeit für die Umdrehung des Magneten.

 

## III. *Übersetzen Sie die folgenden Sätze ins Chinesische.*

1. Diese Wechselspannung erreicht den höchsten Wert, wenn der magnetische Fluss Φ durch die Spule seine Richtung ändert. Dann ist die Flussänderung in der Spule am größten. Im Scheitelwert des Flusses ändert sich der Fluss kurzzeitig nicht, deshalb wird auch keine Spannung induziert.

 

2. Die induzierte Spannung ist immer so gepolt, dass der entstehende Induktionsstrom mit seinem Magnetfeld dem Auf- und Abbau des ursächlichen Magnetfeldes entgegenwirkt.

 

3. Bei einer Innenpolmaschine mit der Polpaarzahl $p = 2$ entsteht bei gleicher Umdrehungsfrequenz $n$ (Drehzahl) die doppelte Frequenz $f = 100$ Hz.

 

## Ⅳ. Textwiedergabe 🎧

_____

_____

_____

_____

_____

_____

_____

_____

_____

_____

_____

_____

_____

_____

_____

_____

## Text C  Dreiphasenwechselspannung und Drehstrom

Der Drehstromgenerator hat im Ständer drei Wicklungen ($U_1 - U_2$, $V_1 - V_2$, $W_1 - W_2$), die räumlich um $120°$ versetzt sind (Abb. _____). Bei der Drehung des Polrades bzw. des Läufers (Spule mit Gleichstromerregung) um $360°$ entstehen in den Wicklungen drei Wechselspannungen bzw. Wechselströme, die jeweils um $120°$ zueinander phasenverschoben sind (Abb. _____).

Im Linienbild der drei Wechselströme (Abb. _____) hat im Zeitpunkt _1_ (Polradstellung $90°$) der Strom $I_1$, der in der Spule $U_1 - U_2$ fließt, seinen Höchstwert.

Der Strom $I_2$ in der Spule $V_1 - V_2$ und der Strom $I_3$ in der Spule $W_1 - W_2$ sind jeweils halb so groß wie $I_1$. Die Ströme $I_2$, und $I_3$ sind außerdem dem Strom $I_1$ entgegengerichtet.

Die Summe der Ströme $I_1$, $I_2$ und $I_3$ ist in jedem Augenblick null.

Dieses gilt für jede Stellung des Polrades (Abb._____).

Für die Fortleitung dieser drei Wechselströme müssten eigentlich sechs Leiter (je ein Hin- und Rückleiter) zur Verfügung stehen. Man kommt jedoch durch entsprechendes Verbinden (Verketten) der drei Spulen mit nur drei Leitern aus, weil diese durch die zeitliche Verschiebung der drei Wechselströme abwechselnd „Hinleiter" und „Rückleiter" sind.

**Sternschaltung** (Abb._____). Man erhält sie, wenn die Enden der drei Wicklungen $U_2$, $V_2$, $W_2$, miteinander im Sternpunkt verbunden werden. Die Anfänge der Wicklungen $U_1$, $V_1$, und $W_1$, werden mit den Außenleitern $L_1$, $L_2$, $L_3$ des Netzes verbunden.

**Dreieckschaltung** (Abb._____). Man erhält sie, wenn jeweils das Ende einer mit dem Anfang der nächsten Wicklung verbunden wird, nämlich $U_1$ mit $W_2$, $W_1$ mit $V_2$, $V_1$ mit $U_2$. Die Verbindungspunkte werden mit den Außenleitern $L_1$, $L_2$, $L_3$ des Netzes verbunden.

Das Zusammenschalten zur Stern- oder Dreieckschaltung nennt man Verketten.

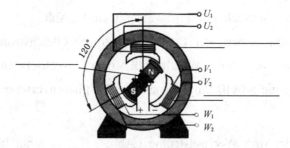

**Abb. 7-6**

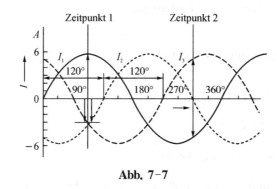

Abb. 7-7

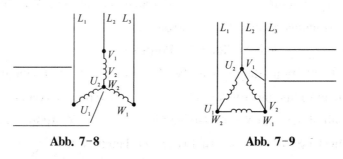

Abb. 7-8                    Abb. 7-9

*Quelle : Fachkunde Kraftfahrzeugtechnik , S. 523 .*

Ⅰ. *Fragen zum Text*

1. Ergänzen Sie im untenstehenden Text die Verweise auf die Abbildungen.

2. Tragen Sie die Benennungen in die Abbildungen ein.

3. Ergänzen Sie die Bildunterschriften.

4. Wie viele Leiter braucht man zur Fortleitung der im Drehstromgenerator
   erzeugten Ströme?

5. Wie erhält man eine Sternschaltung?

6. Wie erhält man eine Dreieckschaltung?

7. Was versteht man unter Verketten?

## Ⅱ. *Grammatik zum Text*

**Füllen Sie die Lücken mit Präposition.**

a. Bei der Drehung des Polrades bzw. des Läufers（Spule mit Gleichstromerregung）_____ 360° entstehen in den Wicklungen drei Wechselspannungen bzw. Wechselströme.

b. Dies gilt _____ jede Stellung des Polrades.

c. Für die Fortleitung dieser drei Wechselströme müssten eigentlich sechs Leiter（je ein Hin- und Rückleiter）_____ Verfügung stehen.

d. Im Linienbild der drei Wechselströme hat _____ Zeitpunkt 1 der Strom $I_1$, der in der Spule $U_1 - U_2$ fließt, seinen Höchstwert.

## Ⅲ. *Übersetzen Sie die folgenden Sätze ins Chinesische.*

1. Bei der Drehung des Polrades bzw. des Läufers（Spule mit Gleichstromerregung）um 360° entstehen in den Wicklungen drei Wechselspannungen bzw. Wechselströme, die jeweils um 120° zueinander phasenverschoben sind.

_____

_____

2. Im Linienbild der drei Wechselströme hat im Zeitpunkt 1（Polradstellung 90°）der Strom $I_1$, der in der Spule $U_1 - U_2$ fließt, seinen Höchstwert. Der Strom $I_2$ in der Spule $V_1 - V_2$ und der Strom $I_3$ in der Spule $W_1 - W_2$ sind jeweils halb so groß wie $I_1$.

_____

_____

3. Man kommt jedoch durch entsprechendes Verbinden（Verketten）der drei

Spulen mit nur drei Leitern aus, weil diese durch die zeitliche Verschiebung der drei Wechselströme abwechselnd „Hinleiter" und „Rückleiter" sind.

Ⅳ. *Textwiedergabe* 🎧

## Lückentest

1. Der Ständer der Gleichstrommaschine besteht aus dem ＿＿＿＿ und den an diesen angeschraubten Hauptpolen mit der ＿＿＿＿.

2. Der Läufer (Anker) trägt die in Nuten verteilte ＿＿＿＿, deren

Wechselströme über den _____ und die _____ gleichgerichtet werden.

3. Zwischen den Hauptpolen ist meist ein weiterer, kleinerer Pol (_____) mit der sog. _____ angeordnet.

4. Die _____ und _____ haben die gleiche Wicklungsachse wie die Ankerwicklung, jedoch eine entgegengesetzte Stromflussrichtung.

5. In der _____ wird eine Wechselspannung $u$ erzeugt, deren _____ so groß ist wie dic Zeit für die Umdrehung des Magneten.

6. Diese _____ erreicht den höchsten Wert, wenn der magnetische Fluss $\Phi$ durch die Spule seine Richtung ändert.

7. Im Scheitelwert des Flusses ändert sich der _____ kurzzeitig nicht, deshalb wird auch keine _____ induziert.

8. Man erhält die _____, wenn die Enden der drei Wicklungen $U_2$, $V_2$, $W_2$, miteinander im Sternpunkt verbunden werden.

9. Man erhält _____, wenn jeweils das Ende einer mit dem Anfang der nächsten Wicklung verbunden wird, nämlich $U_1$ mit $W_2$, $W_1$ mit $V_2$ und $V_1$ mit $U_2$.

10. Das Zusammenschalten zur Stern- oder zur Dreieckschaltung nennt man _____.

## Vokabelliste

| | | |
|---|---|---|
| der | Anker, - | 转子 |
| der | Anlasser, - | 起动机 |
| die | Antenne, -n | 天线 |
| der | Asynchronmotor , -en | 异步电动机 |
| die | Dreieckschaltung, -en | 三角形连法 |
| die | Erregerwicklung, -en | 励磁线圈 |
| die | Fördermaschine, -n | 传输机械 |
| die | Gleichspannung, -en | 直流电压 |

| | | |
|---|---|---|
| die | Gleichstrommaschine，-n | 直流电机 |
| der | Hauptpol，-e | 主磁极 |
| der | Hinleiter，- | 出线 |
| die | Innenpolmaschine，-n | 极式发电机 |
| der | Jochring，-e | 轭 |
| der | Käfigläufer，- | 鼠笼式转子 |
| der | Kommutator，-en | 整流器，转换器 |
| die | Kompensationswicklung，-en | 补偿线圈 |
| der | Läufer，- | 转子 |
| die | Leistungselektronik，-en | 电力电子学 |
| das | Nachführen | 跟踪 |
| der | Permanentmagnet，-e | 永磁磁铁 |
| die | Polpaarzahl，-en | 极对数 |
| das | Polrad， ̈ er | 磁极转子 |
| die | Positionierung，-en | 地位 |
| der | Regelantrieb，-e | 调整传动装置 |
| der | Rückleiter，- | 回线 |
| der | Scheibenwischer，- | 雨刷器 |
| der | Scheitelwert，-e | 峰值 |
| der | Servoantrieb，-e | 伺服电机 |
| der | Ständer，- | 定子 |
| der | Stellmotor，-en | 伺服电机 |
| die | Sternschaltung，-en | 星型连接，Y 形接法 |
| die | Textilindustrie，-en | 纺织工业 |
| die | Traktion，-en | 牵引 |
| die | Umdrehung，-en | 旋转 |
| die | Umschaltung，-en | 换向，换档 |
| das | Verketten | 链接 |
| das | Walzwerk，-e | 轧钢机 |
| der | Wendepol，-e | 整流极 |
| das | Werkzeug，-e | 工具 |

| | |
|---|---|
| anordnen | 布置 |
| durchdringen | 穿过 |
| etw. bietet sich für etw. (A)an | (物)对……是好机会 |
| für ewt. (A) gelten | 适用于 |
| geblecht | 薄板状的 |
| gepolt | 极化的 |
| infolge + G | 由于 |
| mit jm／etw.(D) irgendwie auskommen | 应付,顺应 |
| robust | 强壮的,结实的 |
| stanzen | 冲孔,冲压 |
| unterbringen | 安放 |
| zur Verfügung stehen | 供支配,利用 |

# Thema 8

# Steuer- und Regelungstechnik

## Text A ▷ Grundlagen

Bei der Vorgabe von Sollwerten für eine Maschine, die der Maschine ein bestimmtes Systemverhalten aufprägen sollen, gibt es verschiedene Konzepte, die *Steuerung* und die *Regelung*.

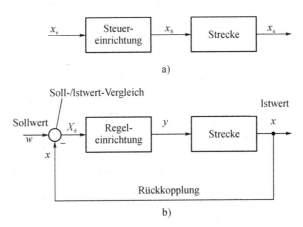

a)

b)

**Abb. 8-1    Wirkprinzipien von a) Steuerung und b) Regelung**

Im Folgenden werden die zu betrachtenden Teilsysteme, wie in der Regelungstechnik üblich, als Blöcke behandelt. In diese Blöcke werden die Eingangsgrößen hineingeführt und aus ihnen kommen Ausgangsgrößen heraus. Innerhalb des Blocks befindet sich ein mathematisches Modell, das das Übertragungsverhalten des Systems vom Ein- zum Ausgang beschreibt. Arbeiten mehrere solcher Blöcke (math. Modelle) zusammen, so sind sie durch Signale miteinander verbunden. Ein solches Schema aus Funktionsblöcken und den zugehörigen Signalaustausch bezeichnet man als *Signalflussplan*. Abb. 8-1 zeigt den sehr einfachen Signalflussplan einer Steuerung und einer Regelung um diese begrifflich voneinander abzugrenzen. Beide Systeme verfolgen das gleiche Ziel, nämlich das dynamische Verhalten eines Systems nach bestimmten Vorgaben auf definierte Weise zu beeinflussen. Die Vorgehensweisen, um das jeweilige Ziel zu erreichen, sind jedoch bei einer Steuerung und einer Regelung grundsätzlich verschieden.

Wie man in Abb. 8-1 a) sieht, besteht die Steuerung aus einer *offenen Wirkkette* (*Steuerkette*) des zu steuernden Systems und der Steuereinrichtung (*Steuerung*). Von links wird in die Steuerung ein Eingangssignal $x_e$ hineingegeben, woraus diese ein *Stellsignal* $x_s$ erzeugt, dass das zu steuernde System zu definierten dynamischen Veränderungen der Ausgangsgröße $x_a$ veranlasst. Natürlich wird mit der Steuerung beabsichtigt, durch die Vorgabe am Eingang ein genau vorhersehbares Ausgangssignal zu erzeugen. Voraussetzung dafür, dass am Ausgang der Steuerkette tatsächlich dieses Ausgangssignal auftritt, ist, dass das Systemverhalten durch das mathematische Modell exakt beschrieben wird und dass keine unbekannten Einflüsse (Störungen) von außen auf das System wirken. Enthält das mathematische Modell z.B. Parameter, die aufgrund von im Modell nicht erfassten Einflüssen schwanken können, oder wurden Störgrößen im Modell nicht erfasst, die aber wesentlichen Einfluss auf das System haben, so ist das Ausgangsverhalten der Steuerkette nicht vorhersehbar.

Bei rein binär arbeitenden Systemen und Steuereinrichtungen, die nur zwei deutlich unterschiedene stabile Zustände kennen, ist das Systemverhalten in der Regel exakt bekannt und eindeutig mathematisch beschreibbar. Bei solchen Systemen ist die reine Steuerung der Regelfall. Bei analogen Systemen, deren Ein- und Ausgangsgrößen innerhalb eines bestimmten Wertebereiches kontinuierlich veränderbar sind, ist diese Eindeutigkeit der

Beschreibung und des Verhaltens häufig nicht gegeben, d.h. das Modell ist nur unzureichend bekannt und die Größe und Art der möglichen Störungen ist nicht vorhersehbar. Hier wird daher das Wirkungsprinzip der *Regelung* eingesetzt. Wie man in Abb. 8-1 b) sieht, sind wesentliche Komponenten wie schon bei der Steuerung die Regeleinrichtung ( *Regler* ) und das zu regelnde System, das auch häufig als *Regelstrecke* bezeichnet wird. Das gewünschte dynamische Verhalten der Ausgangsgröße $x$ der Regelstrecke ( *Regelgröße* ) wird durch die Eingangsgröße $w$ ( *Führungsgröße* , *Sollwert* ) vorgegeben. Wirken jetzt auf die Strecke unvorhergesehene Störungen ein, so ist der gewünschte Zusammenhang zwischen Sollwert und Regelgröße ( Istwert ) mit einer offenen Wirkkette, wie bei der Steuerung, nicht mehr einzuhalten. Hier greift nun die Reglung ein, indem der Istwert durch ein geeignetes Messverfahren bestimmt ( gemessen ) wird und das Ergebnis der Messung einer Vergleichsstelle mit dem Sollwert zugeführt wird ( *Soll-/Istwertvergleich* ). Der Vergleich erfolgt dadurch, dass vom Sollwert der Istwert abgezogen wird, was die sog. *Regeldifferenz* erzeugt. Im Idealfall, in dem die Regelgröße nicht vom Sollwert abweicht, ist die Regeldifferenz gleich Null und das Gesamtsystem aus Regler und Strecke ist in einem stabilen Zustand. Tritt durch äußere Störungen oder auch innere Schwankungen des Systems eine Abweichung der Regelgröße vom Sollzustand auf, so nimmt die Regeldifferenz einen von Null abweichenden Wert an. Da die Regelabweichung dem Regler zugeführt wird, „ merkt " dieser, dass eine Abweichung aufgetreten ist und reagiert darauf in der Weise, dass er seine Ausgangsgröße, den *Stellwert* $y$, verändert. Dadurch wird die Regelgröße mehr oder weniger schnell in den alten Zustand zurückgeführt. Dies alles geschieht automatisch ohne das Eingreifen einer Person. Das Prinzip der Rückführung der gemessenen Ausgangsgröße an den Eingang zum Vergleich mit der Eingangsgröße bezeichnet man auch als *Rückkopplung* .

*Quelle : Einführung in die Mechatronik . S. 242 .*

I. *Fragen zum Text*

1. Erklären Sie die Wirkprinzipien von Steuerung und Regelung und die Differenz zwischen diesen beiden Prinzipien.

2. Erklären Sie die Bedeutung der Begriffe.

   a. Regelstrecke

   b. Regler

   c. Regeldifferenz

   d. Rückkopplung

II. *Grammatik zum Text*

**Lösen Sie die fett gedruckten Passagen in Relativsätze auf.**

a. Natürlich wird mit der Steuerung beabsichtigt, durch die Vorgabe am Eingang **ein genau vorhersehbares Ausgangssignal** zu erzeugen.

_____

_____

b. Bei rein binär arbeitenden Systemen und Steuereinrichtungen, die nur zwei deutlich unterschiedene stabile Zustände kennen, ist das Systemverhalten in der Regel exakt bekannt und **eindeutig mathematisch beschreibbar**.

_____

_____

_____

c. Wie man in Abb. 8-1 a) sieht, besteht die Steuerung aus einer offenen Wirkkette des **zu steuernden Systems** und der Steuereinrichtung.

_____

_____

d. Das Prinzip der Rückführung **der gemessenen Ausgangsgröße** an den Eingang zum

Vergleich mit der Eingangsgröße bezeichnet man auch als Rückkopplung.

III. *Übersetzen Sie die folgenden Sätze ins Chinesische*.

1. In diese Blöcke werden die Eingangsgrößen hineingeführt und aus ihnen kommen Ausgangsgrößen heraus. Innerhalb des Blocks befindet sich ein mathematisches Modell, das das Übertragungsverhalten des Systems vom Ein- zum Ausgang beschreibt. Arbeiten mehrere solcher Blöcke (math. Modelle) zusammen, so sind sie durch Signale miteinander verbunden. Ein solches Schema aus Funktionsblöcken und den zugehörigen Signalaustausch bezeichnet man als Signalflussplan.

2. Enthält das mathematische Modell z.B. Parameter, die aufgrund von im Modell nicht erfassten Einflüssen schwanken können, oder wurden Störgrößen im Modell nicht erfasst, die aber wesentlichen Einfluss auf das System haben, so ist das Ausgangsverhalten der Steuerkette nicht vorhersehbar.

3. Im Idealfall, in dem die Regelgröße nicht vom Sollwert abweicht, ist die Regeldifferenz gleich Null und das Gesamtsystem aus Regler und Strecke ist in einem stabilen Zustand. Tritt durch äußere Störungen oder auch innere Schwankungen des Systems eine Abweichung der Regelgröße vom Sollzustand auf, so nimmt die Regeldifferenz einen von Null abweichenden Wert an.

Ⅳ. *Textwiedergabe* 🎧

## Text B ▷ Blockschaltbilder

In der Regel sind reale dynamische Systeme komplexerer Natur, so dass sich ihr Blockschaltbild aus einer Anzahl miteinander verbundener Blöcke ergibt. Solche Blöcke können in einigen charakteristischen Verschaltungsarten miteinander verbunden sein. Im Folgenden sind solche Zusammenschaltungen dargestellt und es wird erläutert, wie man die für die Zusammenschaltung resultierende Übertragungsfunktion erhält.

Die beiden einfachsten Zusammenschaltungen sind die Serien- oder Reihenschaltung und die Parallelschaltung zweier Blöcke. Die Serienschaltung zweier Blöcke mit den Einzelübertragungsfunktionen $G_1(s)$ und $G_2(s)$ ist in Abb. 8-2 dargestellt. Diese Übertragungsfunktionen lauten:

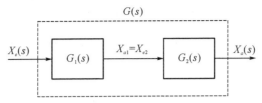

**Abb 8-2   Blockschaltbild der Serienschaltung**

$$G_1 = \frac{X_{a1}}{X_{e1}} \qquad G_2 = \frac{X_{a2}}{X_{e2}} \qquad (8-1)$$

Die Gesamtübertragungsfunktion der Serienschaltung lässt sich folgendermaßen herleiten:

$$X_a(s) = X_{a2} = G_2 \cdot X_{a2} = G_2 \cdot X_{a1}, \quad X_{a1} = G_1 \cdot X_{e1} = G_1 \cdot X_e(s),$$
$$X_a(S) = G_1 \cdot G_2 \cdot X_e(s) \Rightarrow G = G_1 \cdot G_2$$

$$(8-2)$$

Verallgemeinert man dies auf eine beliebige Anzahl von in Reihe geschalteter Übertragungsblöcke, so ist die Gesamtübertragungsfunktion das Produkt aller Einzelübertragungsfunktionen:

$$G = \prod_i G_i \qquad (8-3)$$

In Abb. 8-3 ist die Parallelschaltung zweier Übertragungsblöcke mit den Einzelübertragungsfunktionen $G_1$ ( s ) und $G_2$ ( s ) dargestellt. Der in diesem Blockschaltbild verwendete Kreis stellt eine sogenannte Summationsstelle dar. Diese summiert im Gegensatz zur einfachen Verzweigungsstelle ( alle Punkte vor und nach einer Verzweigungsstelle führen das gleiche

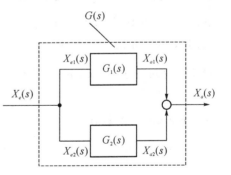

**Abb. 8-3   Blockschaltbild der Parallelschaltung**

Signal) die Eingangssignale dem Vorzeichen entsprechend zum Ausgangssignal auf. Dem Bild kann man folgendes entnehmen:

$$X_e = X_{e1} = X_{e2}, \quad X_a = X_{a1} + X_{a2} \qquad (8\text{-}4)$$

Entsprechend der Definition der Übertragungsfunktion gilt dann:

$$X_a = X_e \cdot G_1 + X_e \cdot G_2 = (G_1 + G_2) \cdot X_e \Rightarrow G = \frac{X_a}{X_e} = (G_1 + G_2) \quad (8\text{-}5)$$

Bei mehreren parallel geschalteten Übertragungsblöcken gilt demnach, dass die Gesamtübertragungsfunktion die Summe aller Einzelübertragungsfunktionen ist:

$$G = \sum_i G_i \qquad (8\text{-}6)$$

Eine andere wichtige Kombination zweier Übertragungsblöcke ist die sogenannte Rückkopplung. In dieser Schaltung sind die Blöcke quasi parallel und gleichzeitig in Reihe angeordnet. Das entspricht dem Funktionsprinzip einer Regelung (Abb. 8 – 4). Je nach Vorzeichen an der Summationsstelle, spricht man von Gegenkopplung oder Mitkopplung. Die Gegenkopplung, die

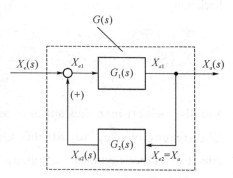

**Abb. 8-4　Blockschaltbild der Rückkopplung**

bei Differenzbildung von Eingangs- und Rückführungssignal vorliegt, ist das am häufigsten in der Regelungstechnik angewendete Wirkprinzip.

*Qulle: Einführung in die Mechatronik. S. 308, S. 309.*

Ⅰ. *Fragen zum Text*

1. Zeichnen Sie die Serienschaltung und erklären Sie sie.

2. Zeichnen Sie die Parallelschaltung und erklären Sie sie.

3. Zeichnen Sie die Rückkopplung und erklären Sie sie.

## II. Grammatik zum Text

**Lösen Sie das Partizip-Attribut in einem Relativsatz auf.**

a. Verallgemeinert man dies auf eine beliebige Anzahl von in Reihe **geschalteter** Übertragungsblöcke, so ist die Gesamtübertragungsfunktion das Produkt aller Einzelübertragungsfunktionen

b. Der in diesem Blockschaltbild **verwendete** Kreis stellt eine sogenannte Summationsstelle dar.

c. Bei mehreren parallel **geschalteten** Übertragungsblöcken gilt demnach, dass die Gesamtübertragungsfunktion die Summe aller Einzelübertragungsfunktionen ist.

d. Im Folgenden sind solche Zusammenschaltungen dargestellt und es wird erläutert, wie man die für die Zusammenschaltung resultierende Übertragungsfunktion erhält.

## III. Übersetzen Sie die folgenden Sätze ins Chinesische.

1. In der Regel sind reale dynamische Systeme komplexerer Natur, so dass sich ihr Blockschaltbild aus einer Anzahl miteinander verbundener Blöcke ergibt. Solche Blöcke können in einigen charakteristischen Verschaltungsarten miteinander verbunden sein.

2. Eine andere wichtige Kombination zweier Übertragungsblöcke ist die sogenannte Rückkopplung. In dieser Schaltung sind die Blöcke quasi parallel und gleichzeitig in Reihe angeordnet. Das entspricht dem Funktionsprinzip einer Regelung. Je nach Vorzeichen an der Summationsstelle，spricht man von Gegenkopplung oder Mitkopplung.

Ⅳ. *Textwiedergabe* 🎧

## Text C  Systembeschreibungen

Besitzt das zu untersuchende System als mathematisches Modell eine lineare Differentialgleichung (DGL), so ist sie geschlossen lösbar und es gibt darauf aufbauend in der Regelungstechnik, aber natürlich auch in anderen Disziplinen, verschiedenartige Möglichkeiten, das Verhalten des Systems zu beschreiben oder darzustellen. Ein Teil dieser Darstellungsweisen wie der Frequenzgang oder die Ortskurve wurden über Schwingungen bereits andeutungsweise behandelt.

Die klassische Lösung einer linearen DGL mit konstanten Koeffizienten erfolgt dadurch, dass zuerst die homogene DGL mit Hilfe des Exponentialansatzes $x(t) = C \cdot e^{st}$ gelöst und dadurch algebraisiert wird. Danach müssen eine partikuläre Lösung der inhomogenen DGL gefunden und abschließend durch Einsetzen der Anfangsbedingungen die Integrationskonstanten bestimmt werden. Dazu sind $n$ lineare Gleichungen mit $n$ Unbekannten zu lösen, wodurch die klassische Methode unter Umständen sehr aufwendig werden kann.

Die Methode der Verwendung einer Funktionaltransformation wurde am Beispiel der Fourier-Transformation behandelt. Bei solchen Transformationen werden Funktionen, die im Originalbereich nur schwer zu handhaben sind, in einen Bildbereich transformiert. Im Bildbereich sind dann komplexe Rechenoperationen auf einfachere Operationen rückführbar, so dass die Probleme hier viel leichter behandelt oder gelöst werden können. Danach wird das Problem wieder in den Originalbereich zurücktransformiert, wodurch man die Problemlösung im Originalbereich erhält. Als einfaches Beispiel für eine solche Funktionaltransformation war das Logarithmenrechnen bereits erwähnt worden. Der Vorgang des Logarithmenrechnens sei am folgenden Beispiel einer Potenzfunktion dargestellt:

$$y = x^n \xrightarrow[\text{in Bildbereich}]{\text{Transformation}} \log y = n \cdot \log x \xrightarrow[\text{in Originalbereich}]{\text{Rücktransformation}} y = \text{INV}(n \cdot \log x)$$

$$(8\text{-}7)$$

Man logarithmiert zuerst die Gleichung und transformiert dadurch die Funktion in den Bildbereich. Hier wird die Funktion „einfacher", da nun die Exponierung durch eine Multiplikation ersetzt wird. Nach Durchführung der Multiplikation im Bildbereich erfolgt die Rücktransformation in den Originalbereich durch Delogarithmierung des Produktes, wodurch man den Wert von y erhält.

Mit Hilfe der auf Laplace (franz. Mathematiker 1749 – 1827) zurückgehenden Laplace-Transformation gelingt es, ohne den oben beschriebenen umständlichen Weg über die allgemeine Lösung mit unbestimmten Konstanten, direkt die Lösung einer DGL zu den gegebenen Anfangsbedingungen zu finden. Da bei den erwähnten linearen DGLs der Originalbereich der Zeitbereich ist, benötigt man Funktionaltransformationen zwischen dem Zeitbereich und einem für die Lösung günstigen Bildbereich. Die Laplace-Transformation gehört ebenso wie die Fourier-Transformation zu den Integraltransformationen, für die die allgemeine Transformationsgleichung wie folgt lautet:

$$F(s) = \int_{t_1}^{t_2} f(t) \cdot K(s, t) \mathrm{d}t \qquad (8\text{-}8)$$

Wird in diese Gleichung eine Zeitfunktion $f(t)$ eingesetzt, so ergibt sich nach Bestimmung des Integrals eine Zahl, die noch von der Größe $s$ abhängig ist, also eine Funktion $F(s)$. Der Ausdruck $K(s, t)$ heißt Kern der Transformation, durch dessen Beschaffenheit sich die Integraltransformationen voneinander unterscheiden. So wie eine einfache Funktion einer bestimmten Zahl genau eine andere Zahl zuordnet, ordnet die Integraltransformation einer Funktion der Variablen $t$ eine neue Funktion der Variablen $s$ zu. Bei der Laplace-Transformation gilt für den Kern der Transformation

$$K(s, t) = \mathrm{e}^{-st}, \quad s = \delta + \mathrm{i}\omega \qquad (8\text{-}9)$$

d.h. $s$ ist eine komplexe Variable. In der Transformierten wird die Zeit $t$ als unabhängige Variable der reellen Funktion $f(t)$ eliminiert und durch die komplexe Variable $s$ ersetzt.

Da es sich bei den mit der Laplace-Transformation zu behandelnden Problemen um physikalische Vorgänge handelt, die man von einem willkürlichen Zeitpunkt $t = 0$ ab betrachten will, kann man die untere Integrationsgrenze grundsätzlich als $t_1 = 0$ annehmen, als obere Grenze wählt man $t_2 = \infty$. Damit lautet das Laplace-Integral dann:

$$F(s) = \int_0^\infty f(t) \cdot e^{-st} \, dt \qquad (8\text{-}10)$$

Voraussetzung für die Existenz dieses Integrals einer Zeitfunktion $f(t)$ ist wie bei der Furier-Transformation, dass das Integral konvergiert, d.h. der Wert des Integrals ist $< \infty$.

$$\mathcal{L}[f(t)] = F(s) \qquad (8\text{-}11)$$

Für diese Zuordnung ( Korrespondenz ) ist auch die folgende Schreibweise üblich:

$$f(t) \circ\!\!-\!\!-\bullet F(s) \qquad (8\text{-}12)$$

Die Bestimmung der Laplace-Transformierten einer Zeitfunktion „Rampe" (Abb. 8-5) soll nun beispielhaft durchgeführt werden. Die Rampenfunktion hat folgende Definition:

$$f(t) = a \cdot x(t) = a \cdot t$$
$$x(t) = t \text{ für } t \geqslant 0; \ x(t) = 0 \text{ für } t < 0$$
$$(8\text{-}13)$$

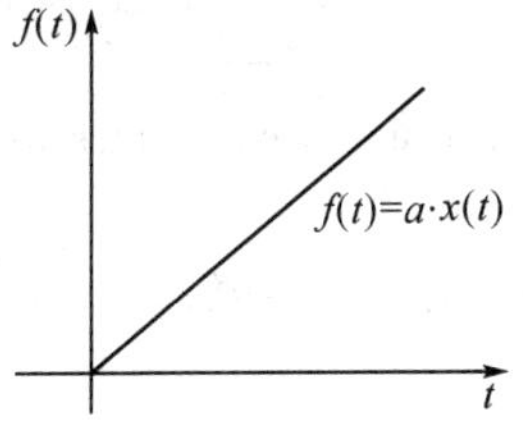

Abb. 8-5   Rampenfunktion

Die Laplace-Transformierte wird gebildet:

$$\mathcal{L}[f(t)] = F(s) = a \cdot \int_0^\infty t \cdot e^{-st} \, dt \qquad (8\text{-}14)$$

Durch partielle Integration erhält man:

$$\mathcal{L}[f(t)] = \underbrace{a \cdot t \left(-\frac{1}{S}\right) e^{-st} \Big|_0^\infty}_{= 0} - a \cdot \int_0^\infty \left(-\frac{1}{S}\right) e^{-st} \, dt$$

$$= \frac{a}{s} \cdot \left(-\frac{1}{S} \cdot e^{-st}\right)_0^\infty = \frac{a}{s^2} \qquad (8\text{-}15)$$

Dies kann man abgekürzt schreiben als

$$a \cdot t \circ \!\!-\!\!-\!\! \cdot \frac{a}{s^2} \qquad\qquad (8\text{-}16)$$

Mit der so gefundenen Bildfunktion kann man nun im Bildbereich die erforderlichen Rechenoperationen vornehmen und muss dann die erhaltene Ergebnisfunktion in den Originalbereich（Zeitbereich）rücktransformieren Die Operation der Rücktransformation wird wie folgt dargestellt：

$$\mathcal{L}^{-1}\big[F(s)\big] = f(t),\ F(s) \cdot \!\!-\!\!-\!\! \circ f(t) \qquad\qquad (8\text{-}17)$$

Dieser Gesamtvorgang für die Lösung linearer DGLs ist in Abb.8-6 nochmals dargestellt.

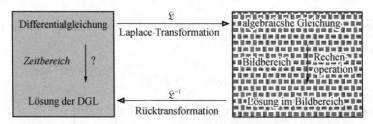

**Abb. 8-6　Lösung einer linearen Differentialgleichung durch die Laplace-Transformation**

*Quelle*：*Einführung in die Mechatronik. S. 300-302.*

Ⅰ. *Fragen zum Text*

1. Warum braucht man die Fourier-Transformation?

2. Wie kann man mit einer Fourier-Transformation ein Problem lösen?

3. Warum nimmt man die untere Integrationsgrenze als $t_1 = 0$ und die obere Grenze als $t_2 = \infty$ an?

4. Was ist die Voraussetzung für das Laplace-Integral?

## II. *Grammatik zum Text*

**Lösen Sie die fett gedruckten Passagen in Relativsätze auf.**

a. Besitzt **das zu untersuchende System** als mathematisches Modell eine lineare Differentialgleichung (DGL),...

_____

_____

b. Da es sich bei **den mit der Laplace-Transformation zu behandelnden Problemen** um physikalische Vorgange handelt, ...

_____

_____

c. **Nach Durchführung der Multiplikation im Bildbereich** erfolgt die Rücktransformation in den Originalbereich durch Delogarithmierung des Produktes, wodurch man den Wert von y erhält.

_____

_____

d. Wird in diese Gleichung eine Zeitfunktion $f(t)$ eingesetzt, so ergibt sich **nach Bestimmung des Integrals eine Zahl**, die noch von der Größe s abhängig ist, also eine Funktion $F(s)$.

_____

_____

## III. *Übersetzen Sie die folgenden Sätze ins Chinesische.*

1. Besitzt das zu untersuchende System als mathematisches Modell eine lineare Differentialgleichung (DGL), so ist sie geschlossen lösbar und es gibt darauf aufbauend in der Regelungstechnik, aber natürlich auch in anderen Disziplinen, verschiedenartige Möglichkeiten, das Verhalten des Systems zu beschreiben oder darzustellen.

_____

_____

_____

2. So wie eine einfache Funktion einer bestimmten Zahl genau eine andere Zahl zuordnet, ordnet die Integraltransformation einer Funktion der Variablen t eine neue Funktion der Variablen s zu.

_____

_____

_____

**IV. Textwiedergabe** 🎧

_____

_____

_____

_____

_____

_____

_____

_____

_____

_____

_____

## Lückentest

1. Die Verkürzung DGL heißt _____ .

2. Die Steuerung besteht aus einer _____ Wirkkette (Steuerkette) des zu steuernden Systems und der Steuereinrichtung.

3. Das zu regelnde System wird häufig als _____ bezeichnet.

4. Der Vergleich erfolgt dadurch, dass vom _____ der _____ abgezogen wird, was die sog. Regeldifferenz erzeugt.

5. Das Prinzip der Rückführung der gemessenen _____ an den Eingang zum Vergleich mit der _____ bezeichnet man auch als Rückkopplung.

6. Die beiden einfachsten Zusammenschaltungen sind die _____ und die _____ zweier Blöcke.

7. In einem Regelungsystem spricht man je nach Vorzeichen an der Summationsstelle von _____ oder _____ .

8. Bei _____ werden Funktionen, die im Originalbereich nur schwer zu handhaben sind, in einen Bildbereich transformiert.

9. Im Bildbereich sind dann _____ Rechenoperationen auf Operationen rückführbar, so dass die Probleme hier viel leichter behandelt oder gelöst werden können.

10. Die _____ gehört ebenso wie die Fourier-Transformation zu den Integraltransformationen.

11. Bei der Laplace-Transformation gilt für den Kern der Transformation $K(s, t) = e^{-st}$, wobei s eine _____ Variable ist.

## Vokabelliste

| der | Bildbereich, -e | 拉普拉斯转换空间;映射域 |
| --- | --- | --- |
| die | Bildfunktion, -en | 象函数 |
| der | Block, ¨e | 模块 |
| die | Differentialgleichung, -en | 微分方程 |
| die | Disziplin, -en | 学科 |
| die | Existenz, -en | 存在 |
| die | Fliehkraft, ¨e | 离心力 |
| die | Fourier-Transformation, -en | 傅里叶变换 |
| der | Frequenzgang, ¨e | 频率特性 |

| | | |
|---|---|---|
| die | Integrationskonstante, -n | 积分常数 |
| die | komplexe Rechenoperation, -en | 复数计算 |
| die | Korrespondenz, -en | 相适应,相应,一致 |
| das | Logarithmenrechnen | 对数计算 |
| der | Originalbereich, -e | 原始区域 |
| die | Ortskurve, -en | 轨迹 |
| die | partielle Integration | 偏积分,局部积分 |
| das | Pendel, - | 摆锤,摆轮,摆针 |
| die | Regulierung, -en | 调节,调整 |
| die | Rückkopplung, -en | 反馈 |
| die | Strecke, -en | 线段,段 |
| der | Zeitbereich, -e | 时域 |
| | algebraisiert | 代数的,代数上的 |
| | andeutungsweise | 隐含地 |
| | aufprägen | 印上 |
| | auftreten | vi.(ist) 出现,产生,发生 |
| | beabsichtigen | 打算,企图,想要 |
| | betrachten | 研究;考察,观察 |
| | binär | 二重的,二元的 |
| | eingreifen | 干预,干涉 |
| | einhalten | vt. 遵守,遵循;vi.(mit)中止,停止 |
| | eliminieren | 消去 |
| | erfassen | 把……考虑进去,抓住 |
| | Exponentialansatz, ¨e | 指数项 |
| | gewiss | 某个,某种 |
| | homogen | 均匀的 |
| | inhomogen | 不均匀的 |
| | konvergieren | 收敛 |
| | Laplace-Transformation | 拉普拉斯转换 |
| | nämlich | 即,也就是 |
| | partikular | 部分的,个别的,单独的 |

| | |
|---|---|
| regulieren | 调节，调整；整治，校准 |
| üblich | 普遍的，通常的 |
| veranlassen zu | 推动，促使 |
| verfolgen | 力求达到，追求 |
| willkürlich | 任意的，随意的 |
| zuführen | 供给，供应 |

# Thema 9

## Informatik

Text A Einführung

Die Informatik ist die Wissenschaft der Informationsverarbeitung, also der Verarbeitung des „Betriebsmittels". Der deutsche Begriff Informatik ist vom französischem „Informatique" abgeleitet. Im englischsprachigen Raum wird stattdessen der Begriff Computer Science benutzt. In der Informatik werden vier Teilbereiche unterschieden, die folgende Schwerpunkte haben:

- Angewandte Informatik: Anwendungsprogramme
- Praktische Informatik: allg. Software und Betriebsmittelsteuerung (Betriebssysteme)
- Theoretische Informatik: mathematische Grundlagen
- Technische Informatik: Aufbau und Konstruktion von Computern (Hardware)

Jedes Teilgebiet der Informatik _____ unterschiedlichen Aspekten der Informationsverarbeitung. Es ist selbstverständlich, dass kein Teilgebiet _____ werden kann, da alle Teilgebiete zusammen die Grundlagen der heutigen modernen Informatik darstellen. Der Zusammenhang zwischen Daten- und Informationsverarbeitung ist in der folgenden Abbildung dargestellt:

Die Informationsverarbeitung dient also der Verarbeitung von Informationen, wobei diese durchaus geändert werden können. In einem Computer sind

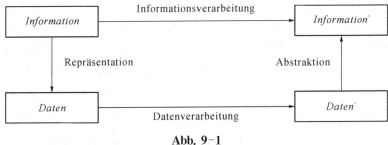

Abb. 9-1

Informationen als (binäre) Daten gespeichert. Bedient man sich daher bei der Informationsverarbeitung eines Computers, so findet auch eine Datenverarbeitung statt. Der Zusammenhang zwischen Daten und Informationen ist wie folgt beschreibbar:

- Daten dienen der Repräsentation von Informationen ( auf einem Computer).
- Information ist die Abstraktion von Daten (Erfassung des Inhalts).

Datenverarbeitung und Datenverarbeitungsanlagen (Computer) sind somit eng mit der Informationsverarbeitung verbunden. Es sei an dieser Stelle jedoch erwähnt, dass die Informatik durchaus auch rechnerunabhängige Aspekte der Verarbeitung von Informationen beinhaltet.

## Geschichte der Informatik

Die Geschichte der Informatik _____ das Teilgebiet der Zahlensysteme einerseits und das der Rechensysteme, also der Hardware andererseits.

## Entwicklung der Zahlensysteme

Die Menschheit hat nachweislich früh begonnen, Zahlsysteme zu entwickeln um wichtige Dinge des Lebens zählen zu können und um Handel zu betreiben. Bereits die Babylonier hatten ein uns bekanntes Zahlsystem, das allerdings auf den Zahlen 12 und 60 basierte und nur wenige Zahlzeichen kannte. Als herausragende Astronomen bekannt, hat deren Zahlsystem auch heute noch in unserer Zeitmessung überlebt, die ja eine Einteilung in zweimal 12 Stunden je 60 Minuten mit je 60 Sekunden besitzt. Auch die Maya in Mittelamerika hatten eine hoch entwickelte Mathematik (auch zum Zweck der astronomischen Berechnung) auf Basis eines Zahlensystems mit der Zahlbasis 20. Denken wir noch an die Römer, so ist deren Zahlsystem, das im Wesentlichen auf der Basis 5 basierte auch heute noch bekannt.

Die Geschichte der Zahlensysteme schließt letztlich mit der Entwicklung des Dualsystems durch Gottfried Wilhelm Leibniz um 1670. Das Dualsystem _____ den beiden Zahlen 0 und 1 und ist das bei Computern heute üblicherweise genutzte Zahlensystem zur Darstellung und Verarbeitung von Zahlen. Erst diese Entwicklung von Leibniz machte fast 200 Jahre später die Entwicklung von Computern möglich.

## Entwicklung der Rechensysteme

Rechensysteme dienten und dienen dem Menschen vorrangig der Vereinfachung des Rechnens. Zwangsläufig sind sie stets mit dem verwendeten Zahlensystem eng verbunden. Aus der prähistorischen Nutzung von Rechensteinen und Rechenbrettern entwickelte sich ca. 2000 v. Chr. in China bereits der heute noch in Asien stark verbreitete Abakus als Vorläufer unserer heutigen Computer.

Wenn auch mechanisch, so kann ein Abakus den Wert einer Zahl im Prinzip dauerhaft, zumindest aber temporär darstellen. Ein Abakus besitzt somit die Fähigkeit, einen Wert zu speichern. Sein (ebenfalls mechanischer) Aufbau stellt letztlich ein Rechenwerk dar, und es gibt genaue einfache Vorschriften, wie mit einem Abakus zu rechnen ist, also wie der Abakus zu steuern ist. Wir werden sehen, dass dies alle Voraussetzungen der Definition eines Rechners erfüllt.

Die Zeit seit 1990 ist geprägt durch die mit dem Preisverfall der Hardware einhergehende Verbreitung von Computern in zunehmend allen Bereichen unseres Lebens. Immer kleinere und leistungsfähigere Rechner werden heute in fast alle Maschinen und Geräte im Bereich der Produktion, der Medizin oder dem Verkehr aber auch im Konsumgüterbereich eingesetzt.

*Quelle: Vorlesungsskript „Grundlagen der Informatik" von Prof. Dr. Claus Hentschel (FH Hannover).*

## I. *Fragen zum Text*

1. Definieren Sie den Begriff **Informatik**.

2. Welche Teilgebiete der Informatik gibt es?

3. Beschreiben Sie den Zusammenhang zwischen Daten und Informationen.

## II. *Grammatik zum Text*

**Lernen Sie die folgenden Wortgruppen und füllen Sie die im Text stehenden Lücken mit den Wortgruppen aus.**

basieren auf　　　　　　sich betrachten für

sein geprägt durch　　　sich beschäftigen mit

## III. *Übersetzen Sie die folgenden Sätze ins Chinesische.*

1. Die Informationsverarbeitung dient also der Verarbeitung von Informationen, wobei diese durchaus geändert werden können. Datenverarbeitung und Datenverarbeitungsanlagen (Computer) sind somit eng mit der Informationsverarbeitung verbunden.

2. Die Menschheit hat nachweislich früh begonnen, Zahlsysteme zu entwickeln, um wichtige Dinge des Lebens zählen zu können und um Handel zu betreiben.

3. Rechensysteme dienten und dienen dem Menschen vorrangig der Vereinfachung des Rechnens.

_____

4. Immer kleinere und leistungsfähigere Rechner werden heute in fast alle Maschinen und Geräte im Bereich der Produktion, der Medizin oder dem Verkehr aber auch im Konsumgüterbereich eingesetzt.

_____

Ⅳ. *Textwiedergabe* 🎧

_____

## Text B ⟩ Mikrocomputer

Mikrocomputer sind Digitalrechner, bei denen alle wesentlichen Baugruppen in wenigen oder wie beim Ein-Chip-Computer in einer einzigen hochintegrierten Schaltung untergebracht sind. Sie besitzen inzwischen Speicherkapazitäten und Rechenleistungen wie sie vor Jahren nur von ganzen Rechenanlagen erreicht wurden.

Durch die seit der Einführung stark gefallenen Preise für den Kernbaustein Mikroprozessor wurde sein Einsatz anstelle der Schaltung mit einzelnen TTL- und CMOS-Gattern wirtschaftlich. Mikrocomputer übernehmen heute in vielen technischen Bereichen vor allem Aufgaben der Steuerungstechnik. Aus den sich ständig ausweitenden Anwendungsfeldern seien genannt:

Unterhaltungselektronik (Radio- und Fernsehgeräte, Recorder, Spielzeuge, Filmkameras)

* Kfz-Elektronik (Motorsteuerung, ABS, Bord-Computer)
* Messtechnik (Oszilloskope, Analysatoren, P-U-I-Multimeter)
* Datenverarbeitung ( Personal-Computer, Bürotechnik, Bankanlagen, Schriftleser)

Die folgenden Abschnitte sollen eine prinzipielle Übersicht über die Strukturen eines Mikrocomputers mit seinen wichtigsten Bausteinen, die Besonderheiten verschiedener Zahlensysteme und die Programmierung geben.

Computer verarbeiten Daten in binärer Form, d.h. Ziffernfolgen, bei denen jede Stelle nur zwei Werte annehmen kann. Dieses Zahlensystem lässt sich sehr einfach in elektrischen Stromkreisen mit den Grenzzuständen

$0 = L(Low)$-keine Spannung vorhanden,

$1 = H(High)$-Spannung vorhanden

realisieren. Die kleinste Informationseinheit wird als 1 Bit (Binary digit $=$

Binärziffer) bezeichnet. Zur Darstellung von Zahlen, Zeichen und Befehlen, allgemein Daten genannt, benötigt man jeweils eine ganze Reihe Bitstellen. Diese Bitketten sind in ihrer Länge an der Zahl 8(4) orientiert und erhalten üblicherweise die in folgenden angegebenen Bezeichnungen. Eine Folge von 8 Bits wird also 1 Byte genannt.

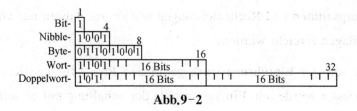

**Abb.9-2**

Die einzelnen Bits einer Kette werden gewöhnlich von rechts mit 0 beginnend durchnummeriert, ein Byte hat also die Bitstellen 0 bis 7.

Das Dualsystem kennt nur die Ziffern 0 und 1, also nur zwei Zeichen und ist damit das zur Bearbeitung von Aufgaben im Computer geeignete Zahlensystem. Im Unterschied zum Dezimalsystem sind die Stellen von rechts nach links nicht nach Zehner- sondern nach Zweierpotenzen geordnet.

*Quelle: Buch „ Elektrotechnik für Maschinenbauer, Grundlagen und Anwendungen", S346.*

### I. Fragen zum Text

1. Was ist ein Mikrocomputer? Definieren Sie.

2. Warum werden die Mikrocomputer zurzeit sehr häufig genutzt? Und in welchen Gebieten werden diese eingesetzt?

3. Worin lieget der Unterschied zwischen Dual- und Dezimalsystem? Übersetzen Sie die Dualzahl 11111 in eine normale Zahl.

Ⅱ. *Grammatik zum Text*

**Formen Sie die fett gedruckten Partizipien Ⅱ in Relativsätze um.**

a. Mikrocomputer sind Digitalrechner, bei denen alle wesentlichen Baugruppen in wenigen oder wie beim Ein-Chip-Computer in einer einzigen **hochintegrierten** Schaltung untergebracht sind.

---

---

b. Durch die seit der Einführung stark **gefallenen** Preise für den Kernbaustein Mikroprozessor wurde sein Einsatz anstelle der Schaltung mit einzelnen TTL- und CMOS-Gattern wirtschaftlich.

---

---

Ⅲ. *Übersetzen Sie die folgenden Sätze ins Chinesische.*

1. Zur Darstellung von Zahlen, Zeichen und Befehlen, benötigt man jeweils eine ganze Reihe Bitstellen.

---

2. Computer verarbeiten Daten in binärer Form, bei denen jede Stelle nur zwei Werte annehmen kann.

---

3. Dieses Zahlensystem lässt sich sehr einfach in elektrischen Stromkreisen mit den Grenzzuständen realisieren.

---

4. Das Dualsystem kennt nur die Ziffern 0 und 1, also nur zwei Zeichen und ist damit das zur Bearbeitung von Aufgaben im Computer geeignete Zahlensystem.

---

---

## Ⅳ. *Textwiedergabe* 🎧

---

---

---

---

---

---

---

---

---

---

---

---

---

---

---

---

---

---

---

---

---

---

---

## Text C 〉 Informationstheorie

Die Informationstheorie stellt die Grundlagen für alle Wissenschaftsgebiete dar, die sich mit der Verarbeitung von Informationen und der Übertragung von Nachrichten befassen. Sie wurde 1948 von C. E. Shannon entwickelt und veröffentlicht und ist heute wegen der weltweit zunehmenden Nutzung von Computernetzen von elementarer Bedeutung.

In der Einführung wurde der Zusammenhang zwischen Informations- und Datenverarbeitung erklärt. Wir werden nun die für die gesamte Informatik wichtigen Begriffe der Nachricht und der Information erläutern und darüber hinaus zeigen, wie Information quantitativ bewertet, also gemessen werden kann.

## Nachricht und Information

Umgangssprachlich ist eine Nachricht eine Mitteilung einer beliebigen Art in Form von Sprache, Text oder allgemein von Daten. Nachrichten können an andere gesendet werden, wobei ein geeigneter „Transport" gewählt werden muss, ein Nachrichtenübertragungskanal. Unter Information verstehen wir umgangssprachlich den „Inhalt der Nachricht", der _____ aus einer Bewertung oder Interpretation _____ . Die Information ist somit im Gegensatz zur Nachricht etwas Abstraktes. Wir können dieses wie folgend beschreiben: Die (abstrakte) Information wird durch die (konkrete) Nachricht mitgeteilt!

Bei der Interpretation einer Nachricht müssen verschiedene Gesichtspunkte unterschieden werden. Es gilt hierbei zwischen syntaktischen, semantischen und pragmatischen Aspekten zu unterscheiden:

• Die Syntax definiert den formalen Aufbau von Nachrichten. Dies betrifft bei sprachlichen Nachrichten z. B. die Anordnung von Buchstaben, Wörtern und Satzzeichen, aber auch die Häufigkeit des Auftretens von bestimmten Buchstabenkombinationen.

• Die Semantik einer Nachricht _____ deren (inhaltliche) Bedeutung. Dies ist im weitesten Sinne das, was umgangssprachlich unter Information verstanden wird.

- Unter Pragmatik wird letztlich der Wert der Information für den Empfänger verstanden. Ein Zeichen ist ein Element einer endlichen Menge von unterscheidbaren „Dingen", dem Zeichenvorrat. Ein Zeichenvorrat, in dem eine lineare Ordnung definiert ist, heißt Alphabet.

Eine Nachricht ist eine zufällige Auswahl von Zeichen eines Zeichenvorrats, die in einem bestimmten räumlichen und zeitlichen Zusammenhang auftreten.

Ein Zeichen zusammen mit seiner Bedeutung wird Symbol genannt. Der Begriff Zeichen ist deshalb vom Begriff Symbol zu unterscheiden. Er umfasst die Syntax und die Semantik des Zeichens. Zeichenvorräte sind z. B. die internationale Lautschrift (sie besitzt keine Reihenfolge der Zeichen) oder die „Farben" von Spielkarten.

In der Informationstheorie werden die beiden Partner üblicherweise mit Quelle und Senke bezeichnet. Folgende Abbildung zeigt das zugrunde liegende Modell:

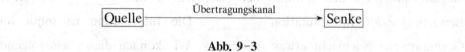

Abb. 9-3

In der Informationstheorie wird davon ausgegangen, dass eine Quelle Zeichen aus einem Zeichenvorrat mit einer zeitunabhängigen Wahrscheinlichkeit auswählt. Mathematisch gesehen entspricht dies einem stochastischen Prozess.

Es wird ferner angenommen, dass die einem Zeichen oder einer Nachricht zugeordnete Information (Semantik) bekannt ist. Dies bedeutet: Die Informationstheorie ausschließlich _____ den syntaktischen Aspekten einer Nachricht.

Es geht letztlich darum, bei Eintreffen eines Zeichens zu entscheiden, welches der möglichen Zeichen vorliegt. Die Informationstheorie befasst sich mit dieser Klassifizierung von Zeichen und nutzt den Begriff der Information im Sinne einer Entscheidungsinformation. Zweck der Informationstheorie ist primär das Messen dieser (Entscheidungs-)Information.

Misst man den Aufwand der Zeichen-Klassifizierung, so erhält man Informationen über die Struktur von Nachrichten. Diese Informationen können dann gezielt genutzt werden, um z.B. effiziente Codes und sichere Verschlüsselungsverfahren zu entwickeln.

### Informationsquelle und Informationsgehalt

Im Voraus zusammenfassend definierte Shannon: „Die Unbestimmtheit einer Quelle ist äquivalent zur Informationsmenge". Wir werden sehen, dass in der Informationstheorie Information eine Aussage über etwas Neues ist, also mit Erkenntnis zu tun hat. Zuerst soll nun der wesentliche Begriff der Quelle definiert werden:

Eine Nachrichtenquelle ist ein Mechanismus, der aus einer Menge von möglichen Nachrichten eine auswählt und an einen Bestimmungsort, die Nachrichtensenke sendet! Die Auswahl der Nachricht ist zufällig!

Die grundlegende Annahme besteht darin, dass eine Nachrichtenquelle als stochastischer also Zufallsprozess verstanden wird. Die Nachrichtensenke weiß nicht, welche Nachricht von der Nachrichtenquelle als nächste gesendet wird. Diese Definition ist sehr allgemein gehalten und wird deshalb für die Informationstheorie weiter spezifiziert zur Informationsquelle:

Eine Informationsquelle (kurz Quelle) ist eine Nachrichtenquelle, die eine Folge von Zeichen aus einem endlichen Zeichenvorrat sendet.

Die Quelle heißt diskret, wenn die Auftrittswahrscheinlichkeit jedes einzelnen Zeichens bekannt ist.

Ist die Auswahl eines Zeichens zudem statistisch unabhängig von der Auswahl des vorhergehenden Zeichens, so _____ es _____ eine Quelle ohne Gedächtnis.

*Quelle: Vorlesungsskript „Grundlagen der Informatik" von Prof. Dr. Claus Hentschel (FH Hannover).*

Ⅰ. *Fragen zum Text*

1. Definieren Sie die Begriffe **Zeichen** und **Nachricht**.

2. Warum nutzt man die Informationen gezielt?

3. Was bedeutet eine Nachrichtenquelle?

4. Füllen Sie die im Text stehenden Lücken mit den folgenden Wortgruppen aus.

| | |
|---|---|
| sich handeln um | sich ergeben |
| sich befassen mit | sich beziehen auf |

Ⅱ. *Grammatik zum Text*

**Formen Sie die Passivsätze in Aktivsätze um und umgekehrt.**

a. Wir werden nun die für die gesamte Informatik wichtigen Begriffe der Nachricht und der Information erläutern.

_____

_____

b. Bei der Interpretation einer Nachricht müssen verschiedene Gesichtspunkte unterschieden werden.

_____

_____

c. Unter Pragmatik wird letztlich der Wert der Information für den Empfänger verstanden.

_____

_____

Ⅲ. *Übersetzen Sie die folgenden Sätze ins Chinesische.*

1. Die Informationstheorie stellt die Grundlagen für alle Wissenschaftsgebiete dar，die sich mit der Verarbeitung von Informationen und der Übertragung von Nachrichten befassen.

2. Nachrichten können an andere gesendet werden, wobei ein geeigneter „Transport" gewählt werden muss, ein Nachrichtenübertragungskanal.

3. In der Informationstheorie wird davon ausgegangen, dass eine Quelle Zeichen aus einem Zeichenvorrat mit einer zeitunabhängigen Wahrscheinlichkeit auswählt.

4. Die grundlegende Annahme besteht darin, dass eine Nachrichtenquelle als stochastischer also Zufallsprozess verstanden wird!

## Ⅳ. Textwiedergabe 🎧

_____

_____

_____

## Lückentest

1. In der Informatik werden vier Teilbereiche unterschieden:

   _____ Informatik, _____ Informatik, _____ Informatik und _____ Informatik.

2. Das _____ besteht aus den beiden Zahlen 0 und 1.

3. Daten dienen der _____ von Informationen und Information ist die _____ von Daten.

4. Mikrocomputer sind _____, bei denen alle wesentlichen Baugruppen in wenigen oder wie beim _____ in einer einzigen hochintegrierten Schaltung untergebracht sind.

5. Computer verarbeiten Daten in _____ Form, d.h. _____, bei denen jede Stelle nur _____ Werte annehmen kann.

6. Beim Zahlensystem in Computer bedeutet 0 _____ vorhanden und 1 _____ vorhanden.

7. Die kleinste Informationseinheit wird als _____ bezeichnet.

8. Eine Folge von 8 Bits wird also 1 _____ genannt.

9. Im Unterschied zum Dezimalsystem sind die Stellen von rechts nach links nicht nach _____ sondern nach _____ geordnet.

10. In der Informationstheorie werden die beiden Partner üblicherweise mit _____ und _____ bezeichnet.

11. In der Informationstheorie wird davon ausgegangen, dass eine Quelle Zeichen aus einem Zeichenvorrat mit einer zeitunabhängigen _____ auswählt. Mathematisch gesehen entspricht dies einem _____ Prozess.

# Vokabelliste

| | | |
|---|---|---|
| der | Abakus，- | 算盘 |
| die | Abstraktion，-en | 抽象,概念 |
| der | Analysator，-en | 分析器,检偏器 |
| der | Befehl，-e | 指令,命令 |
| das | Betriebssystem，-e | 操作系统 |
| der | Bord- Computer，- | 车载电脑 |
| das | Dualsystem，-e | 二进位制 |
| die | Filmkamera，-s | 摄影机 |
| der | Grenzzustand，¨e | 极限状态 |
| die | Informationsgehalt，-e | 信息量 |
| die | Interpretation，-en | 解释,注释 |
| das | Konsumgüterbereich，-e | 消费品领域 |
| die | Lautschrift，-en | 音标 |
| das | Oszilloskop，-e | 示波器 |
| der | Preisverfall，¨e | 价格暴跌 |
| die | Rechenleistung，-en | 计算能力 |
| das | Rechensystem，-e | 计算机系统 |
| das | Rechenwerk，-e | 运算器,运算单元 |
| die | Repräsentation，-en | 代表 |
| der | Schriftleser，- | 阅读器 |
| die | Speicherkapazität，-en | 内存,储存能力,硬盘容量 |
| die | Unterhaltungselektronik | 娱乐用电子设备 |
| die | Verarbeitung，-en | 加工,处理 |
| das | Verschlüsselungsverfahren | 密码程序 |
| der | Vorläufer，- | 先锋 |
| das | Zahlensystem，-e | 数字系统 |
| das | Zeichen，- | 信号,符号 |
| der | Zeichenvorrat，¨e | 字符集 |

| die | Ziffernfolge，-n | 数列 |
| der | Zufallsprozess，-e | 随机过程 |
| | äquivalent | 等效的 |
| | durchnummeriert | 连续编号的 |
| | einhergehend | 随之发生的 |
| | elementar | 基本的，基础的 |
| | geprägt sein durch | 以……为特征 |
| | herausragend | 突出的，显著的 |
| | nachweislich | 可证实的，确凿的 |
| | pragmatisch | 实际的 |
| | prähistorisch | 史前的 |
| | quantitativ | 量的，数量的 |
| | semantisch | 语义的 |
| | spezifiziert | 详细说明的 |
| | stochastisch | 随机的 |
| | syntaktisch | 句法的 |
| | temporär | 暂时的，临时的 |
| | TTL，Transistor-Transistor-Logic | 电阻三极管罗门电路 |
| | umgangssprachlich | 口语的 |
| | veröffentlichen | 公布，发表 |
| | zwangsläufig | 强制的，不可避免的 |

# Thema 10

# Energieversorgung

Text A **Energie**

## 1. Was ist Energie?

Energie ist eine Erhaltungsgröße und besitzt die Einheit Joule [J]. Allgemein wird meist davon gesprochen, dass Energie die Fähigkeit Arbeit zu verrichten ist.

Zu beachten ist aber, dass die äußeren Bedingungen (Ort, Druck, Temperatur usw.) mit betrachtet werden, da sich die Energie in einen anergetischen und einen exergetischen Teil (Anergie und Exergie) aufteilt. Die Exergie, welche auch als nutzbarer Energieanteil bezeichnet wird, kann in jegliche Form der Arbeit umgewandelt werden, sprich sie kann

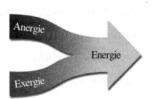

Abb. 10-1 Energie = Anergie + Exergie

Arbeit verrichten. Sie stellt den maximal nutzbaren Teil der Energie dar. Die Anergie hingegen kann nicht in Arbeit gewandelt werden. Sie ist also der nicht nutzbare Anteil der Energie. Grundsätzlich kann Energie nicht erzeugt und auch nicht vernichtet werden, sie wird lediglich von einer Form in eine andere gewandelt.

Wird zum Beispiel Kohle verbrannt, so wandelt sich die chemische Energie der Kohle in Wärme um, welche ebenfalls die Einheit Joule besitzt und somit auch eine Form von Energie darstellt. Mathematisch setzt sich die

Gesamtenergie eines Systems aus den inneren und äußeren Energien zusammen. Damit ergibt sich vereinfachend die folgende Gleichung:

$$E_{gesamt} = E_{innere} + E_{kin} + E_{pot}. \qquad (10\text{-}1)$$

Mit $E_{innere}$ ist die innere, $E_{kin}$ die kinetische (Bewegungs-) und mit $E_{pot}$ die potentielle (Lage-) Energie gemeint. $E_{innere}$ beschreibt die Energie, welche sich aufgrund der Molekülstruktur ergibt. Dazu zählen Bindungsenergien und Rotation der Moleküle. Die $E_{kin}$ betrachtet die Bewegung von Körpern und Teilchen. Bewegt sich also ein Körper oder Teilchen nicht, so gibt es auch keinen kinetischen Anteil. Mit der Lageenergie ($E_{pot}$) wird die betrachtete Materie in Verbindung mit ihrem Ort gebracht. Dabei wird in Bezug auf ein bestimmtes System die damit verbundene Energie beschrieben.

Die Form der Energie wird in drei Gruppen eingeteilt: Primär-, Sekundär- und Nutzenergie. Unter Primärenergie versteht man das unbearbeitete Vorkommen in der Natur wie zum Beispiel Erdöl, Erdgas oder Kohle. Werden diese Energievorkommen durch technische Prozesse weiterverarbeitet, nennt man diese Sekundärenergie (z. B. Heizöl, Benzin, Kohlebriketts). Von Nutzenergie wird gesprochen, wenn der Einsatz einer Energieform direkt die gewünschte Arbeit verrichtet. Wärme, Strom und mechanische Energie zählen zur Nutzenergie.

## 2. Energieumwandlung

Es gibt viele Formen, von und in die Energie gewandelt werden kann. Dieses machen sich die Menschen seit Urzeiten zu Nutzen. Verbrennt man Holz auf einem Lagerfeuer, so wird die im Holz gespeicherte Energie in Form von Wärme frei. Heutzutage ist die Energieumwandlung häufig mit der Erzeugung oder dem Verbrauch von Strom verbunden. In Kraftwerken, Solarzellen oder Windkraftanlagen wird aus Solarenergie, mechanischer und in Brennstoffen gespeicherter Energie Strom erzeugt. Dieser Strom wird dann beispielsweise wieder im Haushalt in Wärmeenergie (Wasserkocher) oder mechanische Energie (Waschmaschine) umgesetzt.

Den meisten ist sicherlich bewusst, dass man den Strom nicht zu 100% in die gewünschte Energieform umwandeln kann. Betrachtet man eine herkömmliche Glühlampe, in die eine gewisse Menge X an Strom fließt, stellt man fest, dass X nicht komplett in das gewünschte Medium Licht gewandelt wird. Die Ursache für diesen Effekt ist nicht die Energievernichtung (siehe Energie), welche nicht möglich ist, sondern die Umwandlung in Wärmeenergie. Fließt der Strom durch den Glühdraht, in den meisten Fällen aus Wolfram, entsteht Reibung. Der Draht beginnt zu glühen und gibt gleichzeitig Licht und Wärme ab. Es kann davon ausgegangen werden, dass nur etwa 5% des Stromes in Licht gewandelt werden. Dieses Phänomen, der dissipativen Effekte, findet man auch bei allen anderen realen Energiewandlungsprozessen.

Zur Energieumwandlung können verschiedene Energiequellen genutzt werden. In fossilen Brennstoffen wie Kohle oder Erdöl findet man chemische Energie. Nukleare Energie wird durch Spaltung (z.B. Uran) oder Verschmelzung (z.B. Wasserstoff) von Atomkernen frei. Dies wird in Atomkraftwerken zur Stromerzeugung genutzt. Außerdem können Erdwärme, elektromagnetische Strahlung von der Sonne oder Gravitation genutzt werden. Erdwärme wird entweder von Wärmepumpen für Häuser oder von Geothermiekraftwerken eingesetzt. Die elektromagnetische Strahlungsenergie wird sowohl in der Solartechnik, als auch von Windkraftanlagen genutzt, da sich aufgrund der Strahlung unterschiedlich warme Luftschichten bilden, die zu Ausgleichsströmungen (Wind) führen. In Pumpspeicherkraftwerken wird die Gravitation, also die Anziehungskraft, der Erde ausgenutzt. Wie sich die einzelnen Energieumwandlungsprozesse in den Anlagen und Kraftwerken vollziehen, ist unter konventionelle und erneuerbare Energie zu finden.

## 3. Energiespeicherung

Unter Energiespeicherung wird an dieser Stelle die Speicherung von Energie mit einem großen Nutzanteil (Exergie) verstanden. Spricht man nur von

Energiespeicherung, so ist dies nicht sinnvoll, da Energie nicht verloren gehen kann. Es ist also nicht von Interesse etwas zu speichern, das nicht verloren geht. Exergie hingegen kann verloren gehen, sie kann unwiderruflich in Anergie gewandelt werden.

- Thermische Energiespeicher

Es gibt Niedertemperaturspeicher, Hochtemperaturspeicher, Kurzzeitspeicher und Langzeitspeicher. Diese dienen dazu, zeitliche Schwankungen von thermischer Energie auszugleichen. Werden zum Beispiel Solarkollektoren in einem Privathaushalt genutzt, um warmes Wasser zum Duschen oder Wäschewaschen bereitzustellen, so muss eine kontinuierliche Versorgung gewährleistet sein.

Um die Zeit zu überbrücken, in der die Strahlungsenergie der Sonne nicht ausreicht, werden thermische Energiespeicher verwendet. Dies ist z.B. in der Nacht der Fall. Auch in großen Solarkraftwerken werden solche Speicher eingesetzt, um eine relativ konstante Leistung zu erhalten. Als Speichermedium eignet sich Wasser sehr gut, da es billig ist, eine gute Verfügbarkeit hat und ungiftig ist. Außerdem hat Wasser eine hohe spezifische Wärmekapazität und kann direkt als Brauchwasser genutzt werden.

- Speicherung von Primärenergieträgern

Primärenergieträger wie Kohle, Erdgas und Erdöl können in Behältern wie Tanks gespeichert oder in Räumen (Keller, Lagerhallen usw.) gelagert werden. Notwendig ist die Speicherung um jahreszeitliche Schwankungen im Bedarf zu kompensieren. Der Erdgasbedarf in Deutschland kann von einem warmen Sommertag zu einem kalten Wintertag um das Vierfache steigen. Außerdem sollen Engpässe, die durch Produktionsstopps oder Transportstörungen entstehen können, vermieden werden. Heizöl und Kohle werden in der Regel, im Gegensatz zu Erdgas, direkt beim Endverbraucher gelagert.

- Elektrische Energiespeicher

Grundsätzlich kann elektrische Energie schlecht gespeichert werden. Dennoch besteht ein großer Bedarf an der Speicherung, um Netzausfällen und Leistungsschwankungen entgegen zu wirken. Besonders große Leistungsschwankungen gibt es bei den erneuerbaren Energien wie Windkraft und Solarenergie. Eine direkte Speicherung ist nur in Spulen und Kondensatoren möglich. Als indirekter Speicher wird der elektrochemische Speicher, die Galvanische Zelle, verwendet. Sie wandelt chemische in elektrische Energie um. Dabei laufen Reaktions- und Oxidationsreaktion örtlich getrennt voneinander ab. Solche Galvanischen Zellen sind in Batterien und Akkus zu finden.

- Mechanische Energiespeicher

Mechanische Energie kann in Gasdruckspeichern, Massenspeichern und Pumpspeicherkraftwerken gespeichert werden. In einem Gasdruckspeicher wird ein Gas in einem Behälter stark komprimiert. Bei Bedarf wird das komprimierte Gas über eine Gasturbine entspannt, um Strom zu erzeugen. Der Massenspeicher hebt mit Hilfe eines Motors und einer hydraulischen Vorrichtung einen großen Masseblock (z.B. aus Beton) an.

## 4. Die Hauptsätze der Thermodynamik

0. Hauptsatz

Der nullte Hauptsatz beschreibt drei Systeme A, B und C. Besitzen System A und B die gleiche Temperatur und B und C auch die gleiche Temperatur, so haben System A und System C die gleiche Temperatur. Alle drei Systeme befinden sich also im thermischen Gleichgewicht.

Ⅰ. Hauptsatz

Jedes System besitzt Energie, welche eine extensive (teilbare) Zustandsgröße ist. In abgeschlossenen Systemen bleibt diese Energie stets konstant. Energie kann folglich nicht aus dem Nichts erzeugt oder vernichtet werden (Energieerhaltungssatz!).

Ⅱ. Hauptsatz

„Es ist unmöglich, eine periodisch funktionierende Maschine zu konstruieren, die weiter nichts bewirkt als Hebung einer Last und Abkühlen eines Wärmereservoirs."(Max Planck, 1897). Dies bedeutet unter anderem, dass Wärme nie selbstständig vom kälteren zum wärmeren Reservoir übergeht (Perpetuum Mobile 2. Art).

Ⅲ. Hauptsatz

Es ist unmöglich, ein System auf den absoluten Nullpunkt, welcher bei T = 0 K (−273,15 ℃) liegt, abzukühlen.

## 5. Wirkungsgrad

Der Wirkungsgrad $\eta$ ist eine dimensionslose Größe, welche die Effektivität eines Prozesses angibt. Unter dimensionslos wird Einheitenlosigkeit verstanden, es gibt beim Wirkungsgrad keine Einheiten wie $J$, $m$ oder $s$. Es stehen immer Nutzen und Aufwand im Verhältnis zueinander. Allgemeine Definition:

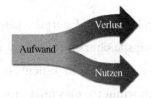

Abb. 10-2  Verlust ＋ Nutzen＝ Aufwand $\eta$ = |Nutzen| / Aufwand

Der Wirkungsgrad kann Werte von 0 bis 1 annehmen. Er ist null, wenn kein Nutzen vorhanden ist und 1, wenn der Nutzen dem Aufwand entspricht. Meist wird dieser in Prozent, also von 0% bis 100% angegeben. Wirkungsgrade werden häufig als Parameter für die Wirksamkeit der verschiedensten Gebiete im Alltag eingesetzt. Er wird in der Energietechnik genutzt, um die unterschiedlichen Energieumwandlungsprozesse zu vergleichen. Bei realen Energieumwandlungsprozessen ist ein Wirkungsgrad von 1 nicht zu realisicren, da es immer einige dissipative Effekte gibt. Diese können zum Beispiel in Form von Wärmeabfuhr oder Reibung entstehen.

Wird Kohle im Kraftwerk zur Stromerzeugung verbrannt, so geht ein Teil der durch die Verbrennung erzeugten Wärme über die Kesselwand an die Umgebung verloren. Der entstandene Wasserdampf, welcher über Rohre zur Turbine gelangt, erfährt an den Rohrwänden Reibung. Diese Reibung zieht einen Druckverlust nach sich. Den Aufwand in diesem Beispiel stellt die

Verbrennung der Kohle dar. Der Nutzen ist der erzeugte Strom. Da auf dem Weg von der Kohle zum Strom Verluste auftreten, ist der Nutzen kleiner als der Aufwand. Somit nimmt der Wirkungsgrad einen Wert kleiner 1 an.

Hier einige Größenordnungen von energetischen Wirkungsgraden:

Geothermiekraftwerk: ca. 10%

Parabolrinnenkraftwerk: ca. 15%

Solarzelle: ca. 15%

Brennstoffzelle: ca. 30%

Atomkraftwerk: ca. 30%～40%

Windkraftanlage: ca. 45%

Kohlekraftwerk: ca. 45%

GuD-Kraftwerk: ca. 60%

IGCC-Kraftwerk: ca. 60%

Solarkollektoren: ca. 70%

Blockheizkraftwerk: ca. 90%

## 6. Energiestrom

An dieser Stelle ist mit Strom nicht die elektrische Energie, sondern ein Fluss von Energie oder Stoff gemeint. Ein Strom beschreibt die Menge eines Mediums, welches in einer bestimmten Zeit ein betrachtetes System verlässt oder in dieses eintritt. Dabei wird die Systemgrenze über die das Medium tritt, als Fläche definiert.

Zur Veranschaulichung wird zunächst ein Massenstrom betrachtet. Wird ein Wasserschlauch im Garten aufgedreht, so fließt das Wasser vorne aus der Düse. Das Medium ist in diesem Fall das Wasser und die Öffnung der Düse stellt die Systemgrenze dar. Wird jetzt zum Beispiel die Zeit gemessen in der 1 Liter Wasser (knapp 1 kg) ausströmt, ergibt sich der Massenstrom. Dauert dieser Vorgang 2 Sekunden, so beträgt der Massenstrom 1 kg/2 s also 0,5 kg/s.

Das Vorgehen zur Bestimmung eines Energiestroms ist das gleiche. Es wird entweder die Zeit gemessen in der eine bestimmte Energiemenge über die

Systemgrenze tritt oder es wird die Energiemenge für eine bestimmte Zeit ermittelt. Die Einheit für den Energiestrom ergibt sich zu W（Watt）oder J/s （Joule pro Sekunde）. Somit stellt ein Energiestrom eine Leistung dar. Wird die Fläche beim Energieübertrag（W/m$^2$）mit betrachtet, so handelt es sich um eine spezifische Größe.

*Quelle：http：//energie-strom .com/energie .html*

Ⅰ. *Fragen zum Text*

1. Was ist Energie?

2. Beschreiben Sie $E_{innere}$, $E_{kin}$, $E_{pot}$.

3. Wie wird die Form der Energie eingeteilt?

4. Was ist der Wirkungsgrad?

5. Was ist der Energiestrom?

Ⅱ. *Grammatik zum Text*

**1. Lernen Sie folgenden Wortgruppen auswendig.**

| | |
|---|---|
| umwandeln in | sich aufteilen in |
| bezeichnen als | sich zusammensetzen |
| zählen zu | verbinden mit |
| nutzen als | einsetzen als |

**2. Formen Sie die Sätze in Konditionalsätze mit „wenn" um.**

a. Werden diese Energievorkommen durch technische Prozesse weiterverarbeitet, nennt man diese Sekundärenergie（z.B. Heizöl, Benzin, Kohlebriketts）.

b. Bewegt sich also ein Körper oder Teilchen nicht, so gibt es auch keinen kinetischen Anteil.

c. Wird Kohle im Kraftwerk zur Stromerzeugung verbrannt, so geht ein Teil der durch die Verbrennung erzeugten Wärme über die Kesselwand an die Umgebung verloren.

d. Wird jetzt zum Beispiel die Zeit gemessen in der 1 Liter Wasser (knapp 1 kg) ausströmt, ergibt sich der Massenstrom. Dauert dieser Vorgang 2 Sekunden, so beträgt der Massenstrom 1 kg/2 s also 0,5 kg/s.

Ⅲ. *Übersetzen Sie die folgenden Sätze ins Chinesische.*

1. Grundsätzlich kann elektrische Energie schlecht gespeichert werden. Dennoch besteht ein großer Bedarf an der Speicherung, um Netzausfällen und Leistungsschwankungen entgegen zu wirken. Besonders große Leistungsschwankungen gibt es bei den erneuerbaren Energien wie Windkraft und Solarenergie. Eine direkte Speicherung ist nur in Spulen und Kondensatoren möglich. Als indirekter Speicher wird der elektrochemische Speicher, die Galvanische Zelle, verwendet. Sie wandelt chemische in elektrische Energie um. Dabei laufen Reaktions- und Oxidationsreaktion örtlich getrennt voneinander ab. Solche Galvanischen Zellen sind in Batterien und Akkus zu finden.

2. Die Ursache für diesen Effekt ist nicht die Energievernichtung（siehe Energie）, welche nicht möglich ist, sondern die Umwandlung in Wärmeenergie. Fließt der Strom durch den Glühdraht, in den meisten Fällen aus Wolfram, entsteht Reibung. Der Draht beginnt zu glühen und gibt gleichzeitig Licht und Wärme ab. Es kann davon ausgegangen werden, dass nur etwa 5% des Stromes in Licht gewandelt werden. Dieses Phänomen, der dissipativen Effekte, findet man auch bei allen anderen realen Energiewandlungsprozessen.

## Ⅳ. Textwiedergabe 🎧

## Text B ▷ Kraftwerke

In Kraftwerken werden meist fossile, also nicht nachwachsende, Brennstoffe eingesetzt. Zu diesen Brennstoffen zählen Braun- und Steinkohle, Erdgas und Erdöl. Die Verbrennung erfolgt in Blockheizkraftwerken, Kohlekraftwerken, IGCC-Kraftwerken und GuD-Kraftwerken. Des Weiteren gehören auch noch die Kernenergie bzw. Atomenergie zu den konventionellen Energien.

### Atomkraftwerk（AKW）

Die Funktionsweise eines Atomkraftwerks（AKWs）, auch Kernkraftwerk genannt, ähnelt sehr stark der eines Kohlekraftwerks. Größter Unterschied ist die Bereitstellung der Wärmeenergie. Es wird innere in Wärme-, dann in mechanische und schlussendlich in elektrische Energie umgewandelt. Zu den unterschiedlichen Reaktortypen zählen der Leichtwasserreaktor, Schwerwasserreaktor, Brutreaktor und der gasgekühlte Hochtemperaturreaktor.

· Funktionsweise

In einem AKW wird in einem Kernreaktor die durch Kernspaltung（sehr selten aber auch durch Kernfusion）freiwerdende Energie genutzt. Dabei werden meist Urankerne, welche sich in Brennstäben befinden, mit Neutronen beschossen. Durch das Neutron erhält der Urankern so viel Energie, dass er sich spaltet. Die Spaltung hat zur Folge, dass zwei Elemente mit niedrigerer Ordnungszahl（als Uran）und weitere Neutronen entstehen. Die Neutronen geben Energie an den Moderator, welcher meist Wasser ist, ab. Diese Energie wird zur Wasserdampferzeugung genutzt. Durch das Neuentstehen von Neutronen kommt eine Kettenreaktion in Gang. Diese kann durch so genannte Regelstäbe gesteuert werden. Der erzeugte Wasserdampf wird über eine Turbine entspannt und treibt über eine Welle einen Generator an, der Strom erzeugt.

- Vorteile / Nachteile

Dadurch, dass keine Verbrennung von fossilen Brennstoffen stattfindet, wird kein klimaschädliches $CO_2$ erzeugt. Des Weiteren besitzt Uran eine hohe Energiedichte. Da der radioaktive Abfall gefährlich für Mensch und Umwelt ist, wird eine sichere Lagerung scharf diskutiert. Zu denken geben auch mögliche Unfälle, bei denen radioaktive Stoffe freigesetzt werden können.

- Weitere Informationen

Atomkraftwerke besitzen einen Wirkungsgrad von ca. 30% bis 40%. Der übliche Leistungsbereich erstreckt sich von einigen 100 MW bis 1,5 GW. Weltweit sind zurzeit 443 Atomkraftwerke in Betrieb (Stand: Juli 2019). Deutschland betreibt derzeit noch 7 Reaktoren, die allerdings bis Ende 2022 stillgelegt werden.

## Blockheizkraftwerk (BHKW)

Ein BHKW erzeugt mittels Kraft-Wärme-Kopplung (KWK) sowohl Wärme, als auch Strom. Es wird meist mit einem Kolbenmotor oder einer Gasturbine (auch mit Mikrogasturbinen) betrieben.

- Funktionsweise

In einem Blockheizkraftwerk werden überwiegend Bio- und Erdgas, Kerosin und Diesel, sowie Methanol und Ethanol verbrannt. Wird das BHKW mit einem Motor betrieben, so treibt dieser einen Generator an, welcher Strom erzeugt. Beim Betrieb mit einer Gasturbine wird das durch die Verbrennung gewonnene Abgas in der Gasturbine entspannt, was ebenfalls eine Generierung von elektrischer Energie zur Folge hat. Sowohl Blockheizkraftwerke mit Motor, als auch mit einer Gasturbine, nutzen das heiße Abgas als Wärmequelle. Mittels Wärmeüberträgern wird die Wärmeenergie z. B. zum Heizen genutzt. Dies kann entweder durch die Einspeisung in das Nahwärmenetz oder durch den direkten Anschluss eines

Heizungssystems erfolgen.

• Vorteile / Nachteile

Durch die Kraft-Wärme-Kopplung erreichen Blockheizkraftwerke einen sehr hohen energetischen Wirkungsgrad von bis zu 90%. Ein weiterer Vorteil ist das große Anwendungsgebiet. Dank Mini-BHKW können einzelne Häuser mit Strom und Wärme versorgt werden. Nachteilig ist die Abhängigkeit der elektrischen und thermischen Energie voneinander, da beide nicht in beliebigem Verhältnis zueinander erzeugt werden können.

• Weitere Informationen

Die elektrischen Leistungsklassen reichen von 7 kW (Mikrogasturbine) bis zu 40 MW (Gasturbine). Zwischen 0,2 und 10 MW werden an thermischer Leistung bereitgestellt. Der Wirkungsgrad für die Stromerzeugung beträgt bis zu 50%, sodass ein Gesamtwirkungsgrad von ca. 90% erreicht werden kann.

## GuD-Kraftwerk

Ein Gas-und-Dampf-Kraftwerk beruht auf dem Prinzip der Kombination eines Gasturbinen-und eines Dampfturbinenprozesses. Dieser Kraftwerkstyp gehört zu den Kraft-Wärme-Kopplungs-Prozessen. Es kann sowohl Strom, als auch Wärme bereitgestellt werden, wobei in der Regel der größte Teil der Abwärme für den Dampfprozess genutzt wird.

• Funktionsweise

Zunächst wird ein Gasturbinenprozess betrieben. Dabei wird Gas (meist Erdgas oder Biogas) mit Sauerstoff gemischt und verbrannt. Das Abgas gelangt durch eine Gasturbine, in der es sich entspannt und über die Schaufeln der Turbine eine Welle antreibt. Es wird chemische Energie des Brennstoffs in mechanische Energie gewandelt. Die Welle liefert einem Generator die nötige Bewegungsenergie, um Strom zu erzeugen. Anders als in den meisten offenen Gasturbinenprozessen wird das Abgas weiter genutzt, da dies noch eine hohe

Temperatur besitzt. Über einen Abhitzekessel wird dem heißen Abgas Wärme entzogen und Wasser in einem zweiten Kreislauf verdampft. An dieser Stelle wird ein Dampfkraftprozess zugeschaltet.

Der im Abhitzekessel erzeugte Wasserdampf wird zum Betreiben einer Dampfturbine genutzt, welche auch wieder mit Hilfe eines Generators Strom generiert. Die Gasturbine erzeugt ungefähr doppelt so viel Strom wie die Dampfturbine.

• Vorteile / Nachteile

Die Vorteile der GuD-Kraftwerke sind zum einen die Möglichkeit, Wärme, Wasserdampf und elektrische Energie bereitzustellen und zum anderen der Hohe Wirkungsgrad von bis zu ca. 60%. Des Weiteren sind die Investitionskosten und die Bauzeit geringer als bei anderen Kraftwerken. Als Nachteil ist die notwendige Verbrennungsreaktion und die damit verbundene $CO_2$-Erzeugung zu nennen. Im Vergleich zu einem Kohlekraftwerk wird aber pro Wh Strom weniger $CO_2$ erzeugt.

• Weitere Informationen

Der Leistungsbereich reicht von wenigen MW bis zu mehreren 100 MW elektrischer Leistung. Je nach Bedarf und Größe des GuD-Kraftwerks können weit mehr als 500 t/h Dampf aus dem Prozess ausgekoppelt werden. Bei der Einhaltung gewisser Auflagen werden GuD-Kraftwerke in Deutschland durch Steuervorteile staatlich unterstützt.

## IGCC-Kraftwerk

IGCC ist Englisch und steht für „Integrated Gasification Combined Cycle". Das bedeutet so viel wie kombinierter Prozess mit integrierter Vergasung. Es handelt sich dabei um eine Kombination von einem Gas- und Dampfprozess (GuD), in der Kraft-Wärme-Kopplung realisiert wird.

• Funktionsweise

Ein IGCC-Kraftwerk wird meist mit Kohle betrieben. Bevor die Kohle in den

Vergaser gelangt wird diese zerkleinert und dann getrocknet, um das enthaltene Wasser zu entfernen. Außerdem wird Sauerstoff, welcher aus einer Luftzerlegungsanlage kommt, zugemischt.

Die Kohle und der Sauerstoff werden in Rohgas umgewandelt. Anschließend kommt das Rohgas in einen Shift-Reaktor, in dem unter anderem Kohlenmonoxid ( CO ) in Kohlendioxid ( $CO_2$ ) gewandelt wird. Danach werden Kohlendioxid und Schwefelwasserstoff ( $H_2S$ ) aus dem Rohgas abgeschieden. Das so entstandene Reingas gelangt zusammen mit verdichteter Luft in die Brennkammer und wird dort verbrannt.

Das durch die Verbrennung entstandene Rauchgas treibt eine Gasturbine und somit eine Welle an. Mit einem Generator wird aus der Rotationsbewegung der Welle Strom erzeugt. Es wird also erst die chemische Energie der Kohle in mechanische Energie der Welle und dann in elektrische Energie gewandelt.

Danach wird das aus der Turbine kommende Abgas durch einen Abhitzekessel geleitet. Der überhitzte Wasserdampf, welcher im Abhitzekessel entsteht, wird zum Betreiben einer Dampfturbine genutzt. Diese generiert ebenfalls wie die Gasturbine mit einem Generator Strom. Außerdem kann durch eine Abzweigung mit diesem Prozess Wasserdampf bereitgestellt werden.

• Vorteile / Nachteile

Den größten Vorteil im IGCC-Kraftwerk stellt die Gasreinigung dar. Das $CO_2$ kann relativ einfach vor der Verbrennung abgeschieden werden. Des Weiteren kommt dem Prozess die Verwendung von Kohle zugute, da diese billig ist und eine hohe Verfügbarkeit besitzt. Als Nachteil sei an dieser Stelle die Komplexität der Anlage zu nennen, welche hohe Investitionskosten, aufwendige Wartungsarbeiten und eine größere Anfälligkeit für Störungen nach sich zieht.

• Weitere Informationen

Dank des GuD-Prozesses, sowie der Kraft-Wärme-Kopplung, können IGCC-Kraftwerke einen Wirkungsgrad von bis zu 60% erreichen. Durch die

Komplexität der Anlage befindet sich der Leistungsbereich bei einigen 100 MW elektrischer Leistung, da sich kleinere Leistungen nicht lohnen würden. Aufgrund der hohen Investitionskosten konnte sich diese umweltfreundliche Technik allerdings noch nicht im kommerziellen Bereich durchsetzen.

**Kohlekraftwerk (KKW)**

Es gibt sowohl Braun-, als auch Steinkohlekraftwerke. Im KKW wird in einem großen Ofen Kohle verbrannt, um Strom zu erzeugen. Dabei wird chemische in Wärme-, dann in mechanische und zuletzt in elektrische Energie gewandelt.

• Funktionsweise

Zunächst wird die Rohkohle getrocknet und zerkleinert, um anschließend in der Brennkammer verbrannt zu werden. Die freiwerdende Energie, in Form von Wärme, wird über Wärmeübertrager an einen Wasserkreislauf abgegeben. Das Wasser beginnt zu sieden und geht vom flüssigen zum gasförmigen Aggregatzustand über. Der so entstehende Wasserdampf wird überhitzt und somit auf ein hohes Druckniveau gebracht. Jetzt gelangt dieser über Rohrleitungen zu einer Turbine, welche er antreibt und sich dabei entspannt (auf ein niedriges Druckniveau). Die Drehbewegung der Turbine erzeugt in einem Generator Strom. Es wird also an dieser Stelle mechanische in elektrische Energie gewandelt. Das entstandene Abgas wird gereinigt und über einen Schornstein an die Umgebung abgegeben. Der die Dampfturbine verlassende Wasserdampf wird in einem Kondensator kondensiert (Übergang von Dampf zu flüssigem Wasser). Anschließend wird das Wasser komprimiert und zurück in die Brennkammer geleitet.

• Vorteile / Nachteile

Aufgrund der großen Kohlevorräte können Kohlekraftwerke noch lange betrieben werden. Im Vergleich zu anderen Techniken und Brennstoffen stellt Kohle eine relativ günstige Möglichkeit der Stromerzeugung dar. Allerdings zieht die Verbrennung fossiler Brennstoffe immer eine Erzeugung von $CO_2$ nach sich. Da $CO_2$ ein Treibhausgas ist, wirkt es sich nachteilig auf das

Klima aus.

· Weitere Informationen

Moderne KKW bewegen sich in einem Leistungsbereich von ca. 800 – 1 000 MW. Mit Hilfe stetiger Verbesserungen erreichen KKW heutzutage Wirkungsgrade von ca. 45%. Die Kohlereserven in deutschen Lagerstätten würden bei gleichbleibendem Abbau noch etwa 200 Jahre reichen. Deutsche Steinkohle ist zwar äußerst hochwertig, liegt aber sehr tief und ist wegen ihrer im Vergleich zu anderen Ländern schlechten Abbaubarkeit zu teuer. Deshalb sind die meisten deutschen Kohlezechen bereits geschlossen oder schließen in naher Zukunft. Der großflächige Braunkohleabbau im Rheinland hingegen wird weiter betrieben und ist sehr umstritten.

*Quelle: http://energie-strom.com/energie.html*

Ⅰ. *Fragen zum Text*

1. Welche Kraftwerkstypen kennen Sie?

2. Beschreiben Sie die verschiedenen Kraftwerke.

3. Nennen Sie die Vor- und Nachteile der jeweiligen Kraftwerkstypen.

Ⅱ. *Grammatik zum Text*

**Füllen Sie die Lücken mit dem Artikel.**

a. Die Funktionsweise _____ Atomkraftwerks （AKWs）, auch Kernkraftwerk genannt, ähnelt sehr stark der _____ Kohlekraftwerks.

b. Größter Unterschied ist die Bereitstellung _____ Wärmeenergie.

c. Wird das BHKW mit _____ Motor betrieben, so treibt dieser einen Generator an, welcher Strom erzeugt.

d. Ein Gas-und-Dampf-Kraftwerk beruht auf _____ Prinzip der Kombination _____ Gasturbinen- und _____ Dampfturbinenprozesses.

e. Dieser Kraftwerkstyp gehört zu _____ Kraft-Wärme-Kopplungs-

Prozessen.

f. Es handelt sich dabei um _____ Kombination von _____ Gas- und Dampfprozess (GuD), in der Kraft-Wärme-Kopplung realisiert wird.

g. Danach wird das aus _____ Turbine kommende Abgas durch _____ Abhitzekessel geleitet.

h. Aufgrund _____ hohen Investitionskosten konnte sich diese umweltfreundliche Technik allerdings noch nicht im kommerziellen Bereich durchsetzcn.

i. Die Drehbewegung _____ Turbine erzeugt in _____ Generator Strom.

j. Das entstandene Abgas wird gereinigt und über _____ Schornstein an _____ Umgebung abgegeben.

### III. *Übersetzen Sie die folgenden Sätze ins Chinesische.*

1. Dadurch, dass keine Verbrennung von fossilen Brennstoffen stattfindet, wird kein klimaschädliches $CO_2$ erzeugt. Des Weiteren besitzt Uran eine hohe Energiedichte. Da der radioaktive Abfall gefährlich für Mensch und Umwelt ist, wird eine sichere Lagerung scharf diskutiert. Zu denken geben auch mögliche Unfälle, bei denen radioaktive Stoffe freigesetzt werden können.

_____

_____

_____

_____

2. Dank Mini-BHKW können einzelne Häuser mit Strom und Wärme versorgt werden. Nachteilig ist die Abhängigkeit der elektrischen und thermischen Energie voneinander, da beide nicht im beliebigen Verhältnis zueinander erzeugt werden können.

_____

_____

_____

3. Der im Abhitzekessel erzeugte Wasserdampf wird zum Betreiben einer Dampfturbine genutzt, welche auch wieder mit Hilfe eines Generators Strom generiert. Die Gasturbine erzeugt ungefähr doppelt so viel Strom wie die Dampfturbine.

_____

_____

_____

4. Den größten Vorteil im IGCC-Kraftwerk stellt die Gasreinigung dar. Das $CO_2$ kann relativ einfach vor der Verbrennung abgeschieden werden. Des Weiteren kommt dem Prozess die Verwendung von Kohle zugute, da diese billig ist und eine hohe Verfügbarkeit besitzt.

_____

_____

_____

### Ⅳ. *Textwiedergabe*

_____
_____
_____
_____
_____
_____
_____
_____
_____
_____
_____
_____
_____

# Text C ▷ Übertragungssysteme

Bei den drei verwendeten Übertragungsarten handelt es sich im Einzelnen um das einphasige System, das Drehstromsystem und die Hochspannungs-Gleichstromübertragung, die auch kurz als HGÜ bezeichnet wird.

## Einphasige Systeme

Fast immer werden elektrische Bahnen aus einphasigen Netzen versorgt, denn dann ist nur ein einziger Stromabnehmer erforderlich. Das Bahnnetz in Deutschland weist Nennspannungen von 110 kV, 60 kV und 15 kV auf.

Aus historischen Gründen, die u. a. in der Beherrschung der Kommutierungsprobleme bei den damaligen Gleichstrommaschinen gelegen haben, wird das Bahnnetz überwiegend mit einer Frequenz von 16 2/3 Hz betrieben. Die Speisung dieser Netze erfolgt entweder aus entsprechenden Generatoren oder über Umformer aus dem öffentlichen 50-Hz-Energieversorgungsnetz. Heute sind bereits auch einphasige 50-Hz-Bahnnetze im Einsatz. Demgegenüber ist das öffentliche Netz dreiphasig aufgebaut.

## Dreiphasige Systeme

Bei einem dreiphasig aufgebauten Netz werden entsprechend Abb. 10-3 die einzelnen Netzelemente in Dreieck oder Stern geschaltet. Für die Zuführungsleitungen verwendet man dann den Ausdruck Außenleiter oder auch nur Leiter, sofern keine Verwechselungen möglich sind. Dementsprechend heißen die Spannungen zwischen den Außenleitern Außenleiterspannungen oder kurz Leiterspannungen. Parallel dazu verwendet man auch den Ausdruck Dreieckspannung. Die Ströme in den Außenleitern werden sinnvollerweise als Außenleiter- bzw. Leiterströme bezeichnet.

Gemäß DIN VDE 0197 und DIN 40108 sind die Außenleiter eines Drehstromnetzes vorzugsweise mit $L_1$, $L_2$ und $L_3$ zu kennzeichnen. Teilweise

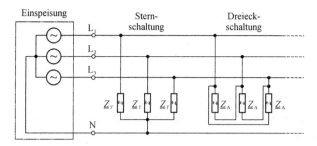

**Abb. 10-3　Dreiphasige Energieübertragung**

werden im Weiteren jedoch auch noch die früher üblichen Buchstaben R, S und T verwendet, wenn dadurch eine übersichtlichere Schreibweise erreicht wird. Im Unterschied dazu gelten für die Anschlüsse von Betriebsmitteln die Kennzeichnungen U, V und W (DIN VDE 0197 und DIN 40108).

## HGÜ-Anlagen

Die HGÜ arbeitet nach dem in Abb. 10 - 4 skizzierten Prinzip. Die im Drehstromnetz 1 vorhandene Spannung der Frequenz $f_1$ wird mit einem statischen Umrichter auf bis zu 1000 kV Gleichspannung gebracht, wobei die Spannungshöhe durch einen vorgeschalteten Transformator bestimmt wird. Über eine Freileitung oder ein Kabel wird die Energie mittels Gleichstromübertragung zu der Gegenstation transportiert. Diese besteht ebenfalls aus einem statischen Umrichter, der jedoch als Wechselrichter arbeitet. Über einen Transformator wird dann mit der Frequenz $f_2$ in das Netz 2 eingespeist, wobei häufig $f_2 \approx f_1$ gilt. Dabei kann die Übertragungsrichtung durch entsprechende Steuerung der Stromrichterventile umgekehrt werden.

UG = statischer Umrichter in Gleichrichterbetrieb
UW = statischer Umrichter in Wechselrichterbetrieb

a)

**Abb. 10-4　Prinzipielle Funktion**

*Quelle*: *Elektrische Energieversorgung*；*Klaus Heuck*，*Klaus-Dieter Dettmann*，
*Detlef Schulz 73–77*.

Ⅰ. *Fragen zum Text*

1. Welche Übertragungssysteme kennen Sie? In welchen Gebieten nutzt man
   das jeweilige System?

2. Wie kann man bei einem dreiphasigen System die einzelnen Netzelemente
   schalten?

3. Wie kann man die Außenleiter eines Drehstromnetzes und die Anschlüsse
   von Betriebsmitteln bezeichnen?

4. Erklären Sie kurz die prinzipielle Funktion der Hochspannungs-
   Gleichstromübertragung（HGÜ）.

Ⅱ. *Grammatik zum Text*

**Formen Sie nachfolgenden Passivsätze ins Aktiv um und umgekehrt.**

a. Für die Zuführungsleitungen verwendet man dann den Ausdruck
   Außenleiter oder auch nur Leiter，sofern keine Verwechselungen möglich
   sind.

b. Bei einem dreiphasig aufgebauten Netz werden entsprechend Abb. 10-3 die
   einzelnen Netzelemente in Dreieck oder Stern geschaltet.

c. Die Ströme in den Außenleitern werden sinnvollerweise als Außenleiter-
   bzw. Leiterströme bezeichnet.

Ⅲ. *Übersetzen Sie die folgenden sätze ins Chinesische.*

1. Die Speisung dieser Netze erfolgt entweder aus entsprechenden Generatoren oder über Umformer aus dem öffentlichen 50-Hz-Energieversorgungsnetz. Heute sind bereits auch einphasige 50-Hz-Bahnnetze im Einsatz. Demgegenüber ist das öffentliche Netz dreiphasig aufgebaut.

_____

_____

_____

2. Für die Zuführungsleitungen verwendet man dann den Ausdruck Außenleiter oder auch nur Leiter, sofern keine Verwechselungen möglich sind. Dementsprechend heißen die Spannungen zwischen den Außenleitern Außenleiterspannungen oder kurz Leiterspannungen. Parallel dazu verwendet man auch den Ausdruck Dreieckspannung.

_____

_____

_____

_____

3. Die im Drehstromnetz 1 vorhandene Spannung der Frequenz $f_1$ wird mit einem statischen Umrichter auf bis zu 1000 kV Gleichspannung gebracht, wobei die Spannungshöhe durch einen vorgeschalteten Transformator bestimmt wird.

_____

_____

_____

Ⅳ. *Textwiedergabe* 🎧

_____

_____

_____

_____

_____

_____

_____

_____

_____

_____

_____

_____

_____

_____

_____

## Lückentest

1. Allgemein wird meist davon gesprochen，dass Energie die Fähigkeit _____ zu verrichten ist.

2. Die Energie teilt sich in _____ und _____ auf.

3. Die Form der Energie wird in drei Gruppen eingeteilt：_____ , _____ und _____ .

4. In abgeschlossenen Systemen bleibt diese Energie stets _____ .

5. Energiewirkungsgrad steht immer _____ und _____ im Verhältnis zueinander.

6. Die Verbrennung von Brennstoffe erfolgt in _____ , _____ , _____ und _____ .

7. Im Kraftwerk wird der erzeugte Wasserdampf über eine _____ entspannt und treibt über eine _____ einen _____ an, der Strom

erzeugt.

8. Die Speisung dieser Netze erfolgt entweder aus entsprechenden _____ oder über _____ aus dem öffentlichen.

9. Bei einem dreiphasig aufgebauten Netz werden entsprechend die einzelnen Netzelemente in _____ oder _____ geschaltet.

10. Gemäß DIN VDE 0197 und DIN 40108 sind die _____ eines Drehstromnetzes vorzugsweise mit $L_1$, $L_2$ und $L_3$ zu kennzeichnen.

## Vokabelliste

| | | |
|---|---|---|
| der | Abhitzekessel, - | 废热锅炉 |
| der | Aggregatzustand, ⸚e | 物态 |
| die | Anergie | 无效能 |
| die | Anfälligkeit, -en | 易受侵蚀性 |
| die | Bereitstellung, -en | 准备好, 安置好 |
| das | Blockheizkraftwerk, -e | 热电联产发电站 |
| der | Brutreaktor, -en | 增值反应堆 |
| die | Dampfturbine, -n | 蒸汽涡轮机 |
| die | Einspeisung, -en | 供电 |
| die | Erhaltungsgröße, -n | 恒量 |
| das | Ethanol, -e | 乙醇 |
| die | Exergie | 有效能 |
| die | Gasreinigung, -en | 气体净化 |
| die | Gasturbine, -en | 燃气涡轮机 |
| die | Generierung, -en | 产生 |
| die | Kernfusion, -en | (原子)核聚变 |
| das | Kerosin | 煤油 |
| die | Kettenreaktion, -en | 链反应 |
| der | Kolbenmotor, -en | 活塞式发动机 |
| der | Leichtwasserreaktor, -en | 轻水反应堆 |

| | | |
|---|---|---|
| die | Luftzerlegungsanlage，-n | 空气分析设备 |
| das | Methanol，-e | 甲醇 |
| der | Moderator，-en | 减速器,缓冲剂 |
| die | Molekülstruktur，-en | 分子结构 |
| die | Nennspannung，-en | 额定电压 |
| das | Neutron，-en | 中子 |
| der | Regelstab，⸚e | 调节杆,调节棒 |
| die | Schaufel，-n | 叶片 |
| der | Schwerwasserreaktor，-en | 重水反应堆 |
| das | Teilchen，- | 粒子 |
| die | Thermodynamik | 热力学 |
| die | Turbine，-n | 涡轮机 |
| der | Umformer，- | 变压器 |
| der | Umrichter，- | 变流器,逆变器 |
| das | Uran | 铀 |
| die | Verfügbarkeit，-en | 可用性 |
| der | Wasserdampf，⸚e | 水蒸气 |
| | folglich | 因此 |
| | kinetisch | 动力学的 |
| | kommerziell | 商业的 |
| | kompensieren | 平衡,均衡 |
| | konstruieren | 构成,设计 |
| | primär | 原始的,最初的 |
| | rechteckig | 矩形的 |
| | verrichten | 做,完成 |
| | zählen zu | 属于,是……之一 |
| | ähneln | 与……相似 |
| | konventionell | 常规的,传统的 |
| | auskoppeln | 断开,退耦 |
| | zugutekommen | 对……有好处 |

# Lösungsvorschlag

## Thema 1

### Text A

Ⅱ. Grammatik zum Text—Präposition

*zu*, *mit*, *davon*, *durch*, *mit*, *von*, *dazu*, *durch*

### Text B

Ⅱ. Grammatik zum Text—Relativsätze

*die*, *das*, *das*, *der*, *die*, *die*

### Text C

Ⅱ. Grammatik zum Text—Passivsätze in Aktivsätze umformen oder umgekehrt

*a*. *Bei sehr großen oder sehr kleinen Zahlenwerten drückt man die Zehnerpotenzen der Einheiten durch Buchstaben aus.*

*b*. *Die wichtigen physikalischen Größen werden durch die folgende Tabelle gezeigt.*

*c*. *Unter einer physikalischen Größe wird das Produkt aus einem Zahlenwert und einer Einheit verstanden.*

### Lückentest

1. *Potenzieren*　　　2. *Radikand*　　　3. *Divisor*

4. *ausgeführt*　　　5. *Oxide*　　　6. *Laugen*

7. *Geschwindigkeit*　　　8. *Zersetzen*　　　9. *Elektrolyt*

10. *Produkt*        11. *physikalischen*        12. *Leitfähigkeit*

## Thema 2

**Text A**

II. Grammatik zum Text

1. Verwandeln Sie das Partizip-Attribut in einen Relativsatz.

   a. *In einem System, das abgeschlossen ist, ist die Summe der Ladungen konstant.*

   b. *Stromfluss entsteht durch eine Bewegung elektrischer Ladungen, die gerichtet ist.*

2. Verkleinern Sie den Satz auf viele kleine Sätze.

   a. *An einem elektrischen Leiter liegt die Spannung 1 Volt an.*

   b. *Durch diesen Leiter fließt ein konstanter Strom der Stärke 1 A.*

   c. *In diesem Leiter wird eine Leistung von 1 W in Wärme umgesetzt.*

3. Bilden Sie das Passiv.

   a. *Der von einer Gleichspannungsquelle erzeugte Strom wird Gleichstrom genannt.*

   b. *Als Amplitude wird der absolute (positive oder negative) Scheitelwert der Halbwelle bezeichnet.*

4. Bilden Sie mit den folgenden Wörtern sinnvolle Sätze.

   a. *Der Kondensator wird an einer Spannungsquelle angeschlossen, lädt er sich auf.*

   b. *Die Spannungsunterschiede werden immer durchäußere Energiezufuhr erzeugt.*

   c. *Stromrichtungen werden durch Pfeile vom Plus- zum Minuspol angegeben.*

**Text B**

II. Grammatik zum Text—Konditionalsatz

a. *Wenn man verschiedene Spannungsquellen in Reihe schaltet, addieren sich die einzelnen Quellspannungen zu einer Gesamtspannung.*

b. *Wenn die Schaltung ein Stromkreis ist, sind also die Pole der*

*Spannungsquelle miteinander verbunden.*

*c. Wenn statt konstanten Widerständen regelbare Potentiometer eingesetzt werden, spricht man von einem einstellbaren Spannungsteiler.*

## Text C

Ⅱ. Grammatik zum Text—Ergänzen Sie die Lücken mit den nachfolgenden Präpositionen.

*a. als*      *b. bei, von*      *c. in*      *d. Ohne, mit*      *e. aus*

*f. durch*      *g. für*      *h. über*

### Lückentest

| | |
|---|---|
| *1. Elektronen* | *2. Ladung* |
| *3. Stromstärke* | *4. Induktivität* |
| *5. Kondensatoren* | *6. Kapazität* |
| *7. Spannung, Strom, Widerstand* | *8. Potentialdifferenz* |
| *9. sinusförmigen* | *10. Effektivwert* |
| *11. Leitwerts* | *12. Leitfähigkeit* |
| *13. stoßen sich ab, ziehen sich an* | *14. konstant* |
| *15. Stromdichte, durchbrennen* | *16. Gleichstrom* |
| *17. Frequenz* | |

## Thema 3

## Text A

Ⅱ. Grammatik zum Text—Reflexive Verben

*a. sich, liegen, bildet, sich*      *b. macht, sich, zunutze*

*c. sich, äußern*      *d. sich, verändert*

*e. sich, befinden*      *f. breitet, sich, aus*

*g. verbirgt, sich*      *h. veranschaulicht, sich*

## Text B

Ⅱ. Grammatik zum Text—Präpositionen

*an , von , nach , in , auf , in , von , aus , auf*

**Text C**

Ⅱ. Grammatik zum Text—Partizip Ⅱ

| existieren | hat existiert | zeichnen | *hat gezeichnet* | herrschen | *hat geherrscht* |
|---|---|---|---|---|---|
| erzeugen | *hat erzeugt* | schließen | *hat geschlossen* | stehen | *hat gestanden* |
| einführen | *hat eingeführt* | verteilen | *hat verteilt* | leisten | *hat geleistet* |
| ansehen | *hat angesehen* | entsprechen | *hat entsprochen* | wirken | *hat gewirkt* |

**Lückentest**

1. *Quellenfeld*

2. *Feldstärke , Kraft , Ladung*

3. *Wechselfelder*

4. *Flussdichte*

5. *Gleichfeldern*

6. *Fluss* Φ

7. *Kraftvektoren*

8. *Voltmeter*

9. *Entfernung*

10. *Kugelsymmetrisch*

11. *Plattenkondensator , homogenes*

12. *Proportional*

13. *Naturkonstanten*

14. *Durchflutung*

15. *Induktionsgesetz*

# Thema 4

**Text A**

Ⅱ. Grammatik zum Text—Formen Sie Passivsätze in Aktivsätze um und umgekehrt.

a. *Man gibt den Wert einer Größe durch eine dimensionslose Zahl und eine Vergleichsgröße an*

b. *Der höchstzulässige relative Fehler wird durch die Klasse in Prozent vom Mess-bereichsendwert angegeben .*

**Text B**

Ⅱ. Grammatik zum Text—Verkleinern Sie den Satz auf viele kleine Sätze.

*a. Es gibt ein Problem bei der Messbereichsumschaltung.*

*b. Der Übergangswiderstand des Umschalters kann zu erheblichen Messfehlern führen.*

*c. Man schaltet einfach verschiedene Shunts parallel zum Messwerk um.*

**Text C**

II. Grammatik zum Text—Imperativ

| Infinitiv | stellen | einschalten | ablesen | beachten | zeigen |
|---|---|---|---|---|---|
| Sie | *Stellen Sie!* | *Schalten Sie ein!* | *Lesen Sie ab!* | *Beachten Sie!* | *Zeigen Sie!* |
| du | *Stell!* | *Schalte ein!* | *Lies ab!* | *Beachte!* | *Zeig!* |
| ihr | *Stellt!* | *Schaltet ein!* | *Lest ab!* | *Beachtet!* | *Zeigt!* |

**Lückentest**

1. *Messwerk*

2. *Messergebnis*

3. *Digital, indirekt*

4. *Ablesefehler*

5. *Messobjekt, Spannung, Strom*

6. *Zeigerausschlag, Skala*

7. *Zahlenwert, Ziffernfolge*

8. *Nullstellung, Messfehler*

9. *Reihe, Messbereich*

10. *Operationsverstärker*

11. *parallel, Parallelwiderstand, Shunt*

12. *gemessen*

## Thema 5

**Text A**

II. Grammatik zum Text—Verben mit Präposition

1. *aus*   2. *als*   3. *in*

**Text B**

II. Grammatik zum Text—Füllen Sie die im Text stehenden Lücken mit Präpositionen aus.

*a. nach*      *b. durch*      *c. für*      *d. aus*      *e. mit*

*f. vom*      *g. zum*      *h. am*      *i. zu*      *j. um*

**Text C**

Ⅱ. Grammatik zum Text—Ergänzen Sie den Genitiv

*a. der Effekt der Wirbelströme*

*b. die Bewegung eines Leiters*

*c. das Drehen eines Rotors*

*d. die Art der Induktion*

*e. die Frequenz der Wechselspannung*

*f. der Effekt der kurzzeitigen Spannungserhöhung*

*g. die Änderung des elektrischen Stroms*

*h. die Zeit der Stromänderung*

**Lückentest**

*1. Schaltungselemente*                      *2. wandelt, um*

*3. Induktion, ferromagnetischen*   *4. Leistungsverluste*

*5. Übersetzungsverhältnis*             *6. Generatorprinzip, Transformatorprinzip*

*7. Wirbelströme*                               *8. Selbstinduktion*

*9. Draht, Induktivität*                      *10. L, Henry*

*11. herunter, sinkt*                          *12. Ringkern-Trafos, rechteckigen*

## Thema 6

**Text A**

Ⅱ. Grammatik zum Text—Verbinden Sie bitte die Sätze mit den folgenden Konjunktionen.

*a. dass   b. während   c. sowohl, als auch   d. wenn   e. Weil*

**Text B**

Ⅱ. Grammatik zum Text—Ergänzen Sie bitte die Sätze mit den folgenden Verben.

*a. reagieren auf     b. beschäftigt sich mit     c. als, als, bezeichnet*

*d. erfassen     e. aufweisen*

## Text C

II . Grammatik zum Text—Bilden Sie mit den folgenden Wörtern sinnvolle Sätze.

a. *Das Verhalten des Systems kann mit dem Modell unter verschiedenen Bedingungen vorausgesagt werden.*

b. *Unter mehreren möglichen Modellen werden die Messdaten am besten beschrieben.*

c. *Das System reagiert mit der Empfindlichkeit auf Parameteränderungen.*

## Lückentest

| | |
|---|---|
| 1. *Signal* | 2. *Funktionen* |
| 3. *Diskretisieren* | 4. *Zeitpunkt* |
| 5. *Wertkontinuierlich* | 6. *Zeitdiskret* |
| 7. *Abtasten* | 8. *Verlauf* |
| 9. *Differentialgleichung* | 10. *Systemtheorie* |
| 11. *Beziehung* | 12. *Zeitinvariant* |
| 13. *Zusammenhang* | 14. *Veränderungen* |

## Thema 7

## Text A

II . Grammatik zum Text—Wortzusammensetzung

| | |
|---|---|
| *Scheibenwischermotor* | *wartungsbedürftig* |
| *Textilindustrie* | *Anwendungsgebiete* |
| *Kompensationswicklung* | *Kommutatorlamellen* |
| *Stromflussrichtung* | |

## Text B

II . Grammatik zum Text—Verkleinern Sie die folgenden Sätze auf kleine Sätze.

a. *Der magnetische Fluss $\Phi$ ändert sich. Dieser Fluss dringt die feste Spule im*

*Ständer（Stator）der Maschine durch.*

*b. In der Ständerspule wird eine Wechselspannung u erzeugt. Die Periodendauer T der Wechselspannung ist so groß wie die Zeit für die Umdrehung des Magneten.*

## Text C

Ⅱ. Grammatik zum Text—Füllen Sie die Lücken mit Präpositionen.

*a. um    b. für    c. zur    d. im*

### Lückentest

1. *Jochring, Erregerwicklung*　　2. *Ankerwicklung, Kommutator, Bürsten*

3. *Wendepol, Wendepolwicklung*　　4. *Wendepolwicklung, Kompendationswicklung*

5. *Ständerspule, Periodendauer*　　6. *Wechselspannung*

7. *Fluss, Spannung*　　8. *Sternschaltung*

9. *Dreieckschaltung*　　10. *Verketten*

## Thema 8

### Text A

Ⅱ. Grammatik zum Text—Lösen Sie die fett gedruckten Passagen in Relativsätze auf.

*a. Natürlich wird mit der Steuerung beabsichtigt, durch die Vorgabe am Eingang ein genau Ausgangssignal, **der vorhersehbar ist**, zu erzeugen.*

*b. Bei rein binär arbeitenden Systemen und Steuereinrichtungen, die nur zwei deutlich unterschiedene stabile Zustände kennen, ist das Systemverhalten in der Regel exakt bekannt und **wird eindeutig mathematisch beschrieben**.*

*c. Wie man in Abb. 8 - 1 a）sieht, besteht die Steuerung aus einer offenen Wirkkette des **Systems, das gesteuert wird**, und der Steuereinrichtung.*

*d. Das Prinzip der Rückführung **der Ausgangsgröße, die gemessen werden**, an den Eingang zum Vergleich mit der Eingangsgröße bezeichnet man auch als Rückkopplung.*

**Text B**

II. Grammatik zum Text—Lösen Sie das Partizip-Attribut in einem Relativsatz auf.

a. *Verallgemeinert man dies auf eine beliebige Anzahl von Übertragungsblöcke,* **die in Reihe geschalt werden,** *so ist die Gesamtübertragungsfunktion das Produkt aller Einzelübertragungsfunktionen.*

b. *Der Kreis,* **der in diesem Blockschaltbild verwendet wird,** *stellt eine sogenannte Summationsstelle dar.*

c. *Bei mehreren Übertragungsblöcken,* **die parallel geschalt werden,** *gilt demnach, dass die Gesamtübertragungsfunktion die Summe aller Einzelübertragungsfunktionen ist.*

d. *Im Folgenden sind solche Zusammenschaltungen dargestellt und es wird erläutert, wie man die Übertragungsfunktion erhält,* **die für die Zusammenschaltung resultiert wird.**

**Text C**

II. Grammatik zum Text—Lösen Sie die fetten Teile in einem Relativsatz auf.

a. *Besitzt das System,* **das untersucht wird / das untersucht werden muss,** *als mathematisches Modell eine lineare Differentialgleichung (DGL),...*

b. Da es sich bei den Problemen, **die mit der Laplace-Transformation behandelt werden müssen,** *um physikalische Vorgänge handelt,* ...

c. **Nachdem die Multiplikation im Bildbereich durchgeführt wird,** *erfolgt die Rücktransformation in den Originalbereich durch Delogarithmierung des Produktes, wodurch man den Wert von y erhält.*

d. *Wird in diese Gleichung eine Zeitfunktion f(t) eingesetzt,* **nachdem das Integral bestimmt wird,** *so ergibt sich* **eine Zahl,** *die noch von der Größe s abhängig ist, also eine Funktion F(s).*

**Lückentest**

1. *Differentialgleichung*

2. *Offenen*

3. *Regelstrecke*

4. *Sollwert，Istwert*

5. *Ausgangsgröße，Eingangsgröße*

6. *Serien-oder Reihenschaltung，Parallelschaltung*

7. *Gegenkopplung，Mitkopplung*

8. *Fourier-Transformation*

9. *Komplexe，einfachere*

10. *Laplace-Transformation*

11. *komplexe*

## Thema 9

**Text A**

Ⅱ. Grammatik zum Text—Lernen Sie die folgenden Wortgruppen und füllen Sie die im Text stehenden Lücken mit den Wortgruppen aus.

*beschäftigt sich mit，für sich betrachtet，ist geprägt durch，basiert auf*

**Text B**

Ⅱ. Grammatik zum Text—Formen Sie die fett gemerkte Partizip Ⅱ in den Relativsätzen um.

a. *Mikrocomputer sind Digitalrechner，bei denen alle wesentlichen Baugruppen in wenigen oder wie beim Ein-Chip-Computer in einer einzigen Schaltung，* **die hochintegriert wird，** *untergebracht sind.*

b. *Durch die Preise für den Kernbaustein Mikroprozessor，* **die seit der Einführung stark gefallen wurde，** *wurde sein Einsatz anstelle der Schaltung mit einzelnen TTL- und CMOS-Gattern wirtschaftlich.*

**Text C**

Ⅱ. Grammatik zum Text—Formen Sie Passivsätze ins Aktivsätze um und umgekehrt.

a. *Nun werden die für die gesamte Informatik wichtigen Begriffe der Nachricht und der Information erläutert.*

*b. Bei der Interpretation einer Nachricht muss man die verschiedenen Gesichtspunkte unterscheiden.*

*c. Unter Pragmatik versteht man letztlich den Wert der Information für den Empfänger.*

**Lückentest**

*1. Angewandte, Praktische, Theoretische, Technische*

*2. Dualsystem*

*3. Repräsentation, Abstraktion*

*4. Digitalrechner, Ein-Chip-Computer*

*5. Binärer, Ziffernfolgen, zwei*

*6. keine Spannung, Spannung*

*7. 1 Bit (Binary digit = Binärziffer)*

*8. Byte*

*9. Zehnerpotenzen, Zweierpotenzen*

*10. Quelle, Senke*

*11. Wahrscheinlichkeit, stochastischen*

## Thema 10

**Text A**

Ⅱ. Grammatik zum Text—Formen Sie die Sätze in konditionalsätze mit „wenn" um.

*a. Wenn diese Energievorkommen durch technische Prozesse weiterverarbeitet werden, nennt man diese Sekundärenergie (z. B. Heizöl, Benzin, Kohlebriketts).*

*b. Wenn also ein Körper oder Teilchen sich nicht bewegt, so gibt es auch keinen kinetischen Anteil.*

*c. Wenn Kohle im Kraftwerk zur Stromerzeugung verbrannt wird, so geht ein Teil der durch die Verbrennung erzeugten Wärme über die Kesselwand an die Umgebung verloren.*

*d*. *Wenn jetzt zum Beispiel die Zeit gemessen in der 1 Liter Wasser（knapp 1 kg）ausströmt wird，ergibt sich der Massenstrom. Wenn dieser Vorgang 2 Sekunden dauert，so beträgt der Massenstrom 1 kg/2 s also 0，5 kg/s.*

## Text B

II. Grammatik zum Text—Füllen Sie die Lücken mit dem Artikel.

*a*. *eines，eines*　　　　　　*f*. *eine，einem*

*b*. *der*　　　　　　　　　　*g*. *der，einen*

*c*. *einem*　　　　　　　　　*h*. *der*

*d*. *dem，eines，eines*　　　　*i*. *der，einem*

*e*. *den*　　　　　　　　　　*j*. *einen，die*

## Text C

II. Grammatik zum Text—Formen Sie folgende passive Sätze in aktive um und umgekehrt.

*a*. *Für die Zuführungsleitungen wird dann der Ausdruck Außenleiter oder auch nur Leiter verwendet，sofern keine Verwechselungen möglich sind.*

*b*. *Bei einem dreiphasig aufgebauten Netz schaltet man entsprechend Abb. 10-3 die einzelnen Netzelemente in Dreieck oder Stern.*

*c*. *Die Ströme in den Außenleitern bezeichnet man sinnvollerweise als Außenleiter- bzw. Leiterströme.*

## Lückentest

1. *Arbeit*　　　　　　　　　2. *Exergie，Anergie*

3. *Primärenergie，Sekundärenergie，Nutzenergie*

4. *Konstant*　　　　　　　　5. *Nutzen，Aufwand*

6. *Blockheizkraftwerken，Kohlekraftwerken，IGCC-Kraftwerken，GuD-Kraftwerken*

7. *Turbine，Welle，Generator*　　8. *Generatoren，Umformer*

9. *Dreieck，Stern*　　　　　　10. *Außenleiter*

# Hörverstehen-Transkription

## T1A

Wenn man eine Zahl mit einer anderen Zahl malnimmt, „multipliziert" man sie. Das Mal-Rechnen heißt „ Multiplikation ". Der Term, also der Rechenausdruck, heißt „Produkt". Das Ergebnis ist der Wert des Produkts. Der Term einer Division heißt „Quotient". Die Zahl, die „dividiert" wird, also die geteilt wird, heißt „Dividend". Die Zahl, durch die geteilt wird, ist der „Divisor". Die Reihenfolge spielt eine Rolle bei der Division. Deswegen gibt es hier auch wieder zwei unterschiedliche Namen für die einzelnen Teile. Weil es wichtig ist, zu unterscheiden, was vor und was hinter dem Geteilt-Zeichen steht.

## T1B

Die Leitfähigkeit eines Stoffes oder Stoffgemisches hängt von der Verfügbarkeit von beweglichen Ladungsträgern ab. Dies können locker gebundene Elektronen, wie beispielsweise in Metallen, aber auch in organischen Molekülen mit delokalisierten Elektronen oder Ionen sein.

Wässrige Lösungen zeichnen sich durch eine geringe Leitfähigkeit aus. Sie steigt, wenn dem Wasser Ionen, also Salze, Säuren oder Basen hinzugefügt werden. Dem entsprechend hat Meerwasser eine höhere elektrische Leitfähigkeit als Süßwasser. Reines Wasser hat eine äußerst geringe Leitfähigkeit.

**T1C**

Zur Beschreibung der Eigenschaften (z.B. Länge) und Zustände von Objekten (z.B. Temperatur) verwendet der Physiker physikalische Größen. Man kennt vom Unterricht her noch längst nicht alle physikalischen Größen, aber eine ganze Reihe sollten schon bekannt sein: z.B. Länge, Fläche, Volumen, Zeit, Strom, Spannung, Ladung und Widerstand. Diese Größen spielen nicht nur in der Physik, sondern in vielen anderen Bereichen eine wichtige Rolle.

**T2A**

Elektrischer Strom fließt auf Grund von Spannungsunterschieden zwischen den Polen einer Spannungsquelle. Man spricht hier auch von Quellenspannung. Der Strom fließt dabei physikalisch vom Minuspol durch die elektrischen Verbraucher zum Pluspol einer Spannungsquelle. Man spricht von der physikalischen Stromrichtung. Oft spricht man auch von der technischen Stromrichtung, die vom Pluspol zum Minuspol gerichtet ist und damit der physikalischen Stromrichtung entgegengesetzt ist. In Stromlaufplänen ist man bei der technischen Stromrichtung geblieben und zeichnet die Stromrichtungspfeile von plus nach minus, z.B. bei Dioden und Transistoren. Der Spannungsunterschied gibt an, wie viel Energie notwendig ist, um den Spannungsunterschied zu erzeugen bzw. wie viel Energie frei wird, wenn der Spannungsunterschied ausgeglichen wird.

**T2B**

Eine elektronische Schaltung ist der Zusammenschluss von elektrischen und insbesondere elektronischen Bauelementen zu einer funktionierenden Anordnung. Eine elektronische Schaltung unterscheidet sich von einer elektrischen Schaltung durch die Verwendung von elektronischen Bauelementen. Elektronische Schaltungen können sehr einfache Funktionen erfüllen. Aber auch vielen komplexen technischen Geräten, wie z. B. Fernsehern oder Computern liegen elektronische Schaltungen zugrunde, häufig in Form von integrierten Schaltungen. Elektronische Schaltungen werden schematisch in Form eines Schaltplanes dargestellt.

## T2C

Der Effektivwert oder auch im Englischen RMS-Wert gibt für elektrische Wechselspannungen und Wechselströme den Wert an, den eine Gleichspannung beziehungsweise Gleichstrom haben müsste, um dieselbe Wärmeleistung in einem rein ohm'schen Verbraucher umzusetzen.

Eine Gleichspannung von 5V erzeugt in einem Widerstand also dieselbe Leistung wie eine Wechselspannung mit einem Effektivwert von 5V. Dabei ist die Berechnung des Effektivwerts abhängig von der Signalform der Wechselspannung (Sinus, Rechteck, Dreieck).

## T3A

Ein elektrisches Feld ist ein unsichtbares Kraftfeld, das durch sich gegenseitig anziehende und abstoßende elektrische Ladungen gebildet wird. Die Einheit der elektrischen Feldstärke ist Volt pro Meter. Die Stärke eines elektrischen Feldes nimmt mit zunehmender Entfernung von der Quelle ab. Statische elektrische Felder, auch als elektrostatische Felder bekannt, sind elektrische Felder, die sich zeitlich nicht verändern. Statische elektrische Felder werden durch ruhende elektrische Ladungen erzeugt. Sie unterscheiden sich von Feldern, die ihre Stärke und Richtung in einem bestimmten zeitlichen Rhythmus verändern, so wie beispielsweise die, die von Geräten, die mit Wechselstrom betrieben werden.

## T3B

Ein Kondensator kann auf verschiedene Weise gebaut werden. Die einfachste Bauweise sind zwei parallele leitfähige Flächen. Die Kapazität eines Kondensators ist dann bestimmt durch die Fläche der Platten und deren Abstand sowie dem die Platten trennenden Isolators zwischen den Platten. Andere Kondensatorbauformen sind z.B. Wickelkondensatoren. Den Isolator zwischen den beiden leitenden Platten nennt man auch Dielektrikum. Ein

Kondensator ist bildlich gesprochen ein Spannungsspeicher. Wenn der Kondensator aufgeladen ist, ist kein Stromfluss mehr messbar. Der Stromfluss wird durch den Kondensator unterbrochen. Schließt man einen Verbraucher an dem geladenen Kondensator an, liefert dieser Strom bis er entladen ist und zwar genau die Menge an Elektronen, die vorher beim Laden gespeichert wurde.

## T3C
### Elektrische Feldlinien

Die Feldlinien beginnen dabei auf der positiven Ladung und enden auf der negativen. Die Stärke des elektrischen Feldes ist proportional zur Feldliniendichte. In unserem Fall wäre die Feldstärke also direkt zwischen den beiden Ladungen minimal. Je näher wir uns auf die Punktladungen zu bewegen, desto größer wird die Feldstärke.

An diesem Beispiel können wir einige Grundregeln für das Verhalten von Feldlinien festhalten. Zunächst ist zu erwähnen, dass sich die Linien nie überkreuzen und immer von der positiven Ladung zu der negativen gehen. Auch treten sie stets senkrecht aus Leiteroberflächen aus und treten senkrecht wieder in diese ein. Ebenfalls erfahren Probeladungen in einem elektrischen Feld Kräfte tangential zu den Feldlinien.

## T4A

Beim Ermitteln des Messwertes können verschiedene Fehler auftreten. Um diese Fehler auszuschließen sind folgende Punkte zu beachten:

a) Gebrauchslage des Messgerätes beachten.

b) Messinstrumente sind empfindlich und daher sorgfältig zu behandeln.

c) Messinstrumente sollten keiner zu hoher Temperatur ausgesetzt werden.

d) Bei analogen Messgeräten sollte das letzte Drittel der Messskala verwendet werden.

e) Magnetische Felder nehmen Einfluss auf das Messwerk.

f) Messgeräte sind trocken und staubfrei aufzubewahren.

g) Beim Messen auf Messgröße und Messbereich achten.

h) Bei Messgeräten vor der Messung die Nullstellung des Zeigers prüfen.

## T4B

Aus Platzgründen bezieht sich die Skala eines Messgerätes immer nur auf einen bestimmten eingestellten Messbereich. Da die Messwerte nicht immer im gleichen Messbereich liegen, muss der Messbereich reduziert bzw. erweitert werden.

Bei Spannungsmessgeräten wird dazu nur der Vorwiderstand des Messwerkes geändert. Bei Strommessgeräten wird der Parallelwiderstand des Messwerkes geändert. Messbereichserweiterung bei Spannungsmessern erfolgt immer dann, wenn die zu messende Spannung das Messwerk beschädigen könnte. Messbereichserweiterung bei Strommessern erfolgt immer dann, wenn der zu messende Strom das Messwerk beschädigen könnte.

## T4C

Das Voltmeter enthält eine großflächige Kupferschicht. Damit ein Kondensator entsteht, dessen Ladespannung man messen kann, wird über eine Erdklemme Masse an das Messgerät angelegt. Die Ladespannung des nachgestellten Kondensators kann man mit einem herkömmlichen Spannungsmesser messen und anzeigen lassen. Die Messung ist aber nicht ganz einfach. Damit man keinen Mist misst, muss man das Messgerät bzw. die Kupferschicht an die Stelle mit der größten Felddichte bringen. Auch das Erdungskabel muss an einer geeigneten Stelle angebracht werden. Grundsätzlich bietet sich ein Heizungsrohr an, ein geerdetes Metallteil oder zur Not tut es auch der Schutzleiter in der Steckdose.

## T5A

Transformatoren sind elektrische Geräte, die aus zwei oder mehr Drahtspulen bestehen, die zur Übertragung elektrischer Energie durch ein sich änderndes

Magnetfeld verwendet werden. Einer der Hauptgründe, warum wir Wechselspannungen und -ströme in unseren Häusern und am Arbeitsplatz verwenden, ist, dass eine Wechselstromversorgung leicht in einer passenden Spannung erzeugt und in viel höhere Spannungen umgewandelt verteilt werden kann. Der Trafo kann eher als elektrisches oder elektronisches Bauteil betrachtet werden. Ein Transformator ist im Grunde genommen ein sehr einfaches statisches elektromagnetisches passives Elektrogerät, das nach dem Prinzip des Induktionsgesetzes arbeitet, indem es elektrische Energie von einem Wert in einen anderen umwandelt.

## T5B

Transformatoren sind in der Lage, das Spannungs- und Stromniveau ihrer Versorgung zu erhöhen oder zu verringern, ohne die Frequenz zu verändern oder die Menge an elektrischer Leistung, die über das Magnetfeld von einer Wicklung zur anderen übertragen wird. Ein einphasiger Spannungswandler besteht im Wesentlichen aus zwei elektrischen Drahtspulen, von denen eine als „Primärwicklung" und die andere als „Sekundärwicklung" bezeichnet wird. Die beiden Spulenwicklungen sind galvanisch voneinander getrennt, aber durch den gemeinsamen Kern magnetisch verbunden, so dass die elektrische Leistung von einer Spule auf die andere übertragen werden kann. Wenn ein elektrischer Strom durch die Primärwicklung fließt, entsteht ein Magnetfeld.

## T5C

Induktionsspannung bei hoher und niedriger Geschwindigkeit

Bei schneller Bewegung ergibt sich eine hohe Induktionsspannung während einer kurzen Zeit und bei langsamer Bewegung eine kleinere Induktionsspannung während einer längeren Zeitdauer. Die Fläche unter der Kurve ist aber in beiden Fällen gleich groß.

Sobald unsere Leiterschleife komplett im Magnetfeld des Hufeisenmagnetes liegt, lässt sich trotz weiterer Hinein-Bewegung keine Induktionsspannung mehr messen. Zum Zeitpunkt $t_1$ beziehungsweise $t_2$ befindet sich der Leiter vollständig im Magnetfeld.

Das Magnetfeld innerhalb des Hufeisenmagnetes ist homogen. Für eine elektromagnetische Induktion muss es eine Änderung des magnetischen Flusses geben. Dazu müssen wir die Leiterschleife also aus dem Hufeisenmagnet raus oder in ihn hinein bewegen! Nicht die Bewegung an sich, sondern die Veränderung der felddurchdrungenen Fläche erzeugt die elektromagnetische Induktion.

## T6A

Ein Signal besitzt einen seiner Nachricht entsprechenden Wert, zugleich enthält es die zeitliche Änderung der Information, den zeitlichen Werteverlauf. Diese beiden Signaldimensionen geben dazu Anlass, Signale nach ihrem Wertevorrat und Zeitverlauf zu klassifizieren; dabei können in beiden Dimensionen Quantisierungen auftreten:

1. Ein wert kontinuierliches Signal kann jeden beliebigen Wert seines Wertebereiches annehmen. 2. Ein wert diskretes Signal kann nur endlich viele Werte annehmen; beschränkt sich diese Anzahl auf zwei Werte, liegt ein Binärsignal vor. 3. Ein zeit kontinuierliches Signal kann seinen Wert zu jeder beliebigen Zeit ändern. 4. Ein zeit diskretes Signal ändert seinen Wert nur zu bestimmten diskreten Zeitpunkten.

## T6B

Die Systemtheorie beschäftigt sich nicht mit der Realisierung eines Systems aus bestimmten Bauteilen, sondern mit den Beziehungen, die das System zwischen den Eingangs- und Ausgangsgrößen herstellt. Es interessiert nur die formale Gestalt der Zusammenhänge, nicht die Spezialisierung auf bestimmte Anwendungsfälle. Damit erreicht die Systemtheorie eine vereinheitlichte Darstellung von Prozessen aus verschiedenen Bereichen und fordert eine interdisziplinäre Betrachtungsweise. In der Systemtheorie spielen einige spezielle Signale eine fundamentale Rolle, da sie gewisser maßen als Grundbausteine zu verschiedenen Darstellungen von allgemeinen Signalen verwendet werden können.

## T6C

### Definition lineares Optimierungsmodell

Bei diesem Problem handelt es sich um ein lineares Optimierungsmodell, weil die Zielfunktion und alle Nebenbedingungen lineare Komponenten enthalten. Weitere Unterteilungen der Optimierungsmodelle sind noch ganzzahlig lineare, binär lineare und nichtlineare. Auf die nichtlinearen wird nicht eingegangen, da sie sehr kompliziert zu lösen sind.

Jedes linear zu maximierende Optimierungsproblem lässt sich übrigens auch in ein zu minimierendes transformieren und umgekehrt. Dazu ändert man bei jedem Koeffizienten in der Zielfunktion einfach das Vorzeichen. Eine „kleiner-gleich-Nebenbedingung " wird durch die Multiplikation beider Seiten mit minus 1 in eine „ größer-gleich-Restriktion " transformiert. Wenn eine Nebenbedingung als Gleichung vorliegt, wird sie in zwei Ungleichungen umgewandelt mit „größer-gleich" und „kleiner-gleich". Die Nichtnegativitätsbedingung bleibt als einzige gleich.

## T7A

### Motor und Generator

Bei elektrischen Maschinen unterscheidet man Motoren und Generatoren. Motoren wandeln elektrische in mechanische Energie um. Sie liefern die Kraft oder das Drehmoment zur Steuerung der Bewegung einer Masse. Ein Generator wandelt im Gegensatz zum Motor mechanische Energie in elektrische Energie um. Die wichtigste Anwendung von Generatoren sind Kraftwerke zur Stromerzeugung. Bei den meisten Kraftwerkstypen wird in Wasser oder Dampfturbinen zunächst mechanische Energie erzeugt und anschließend in elektrische Energie gewandelt.

**T7B**

Leistungsschild

Die wichtigsten Kennwerte von Elektromotoren sind auf deren Leistungsschild angegeben jedoch nicht bei Kleinstmotoren. Angegeben sind der Hersteller, die Typenbezeichnung und die Maschinenart. Bemessungsspannung (Nennspannung), Bemessungsfrequenz, Bemessungsstrom, Bemessungsleistung (mechanische Leistungsabgabe) für die angegebene Betriebsart, Bemessungsdrehzahl und Bemessungs-Leistungsfaktor, d. h. Verhältnis von Wirkleistung zu Scheinleistung s ($s = UI$), sind ebenfalls angegeben. Wenn keine Betriebsart angegebenen ist, kann der Motor im Dauerbetrieb ($S_1$) mit der angegebenen Bemessungsleistung belastet werden.

Auf dem Leistungsschild eines Elektromotors sind alle Angaben enthalten, die zur Beurteilung des Motors erforderlich sind.

**T7C**

Zwei Drittel aller elektrischen Maschinen sind Asynchronmaschinen. Betrachtet man nur die Motoren, liegt der Anteil noch höher. Die große Verbreitung liegt darin begründet, dass der Asynchronmotor mit Käfigläufer die betriebssicherste und wartungsärmste elektrische Maschine darstellt. Er kann direkt am überall zur Verfügung stehenden Wechsel- bzw. Drehstromnetz betrieben werden. Von Nachteil ist beim Asynchronmotor, dass er am 50Hz-Netz nur eine maximale Drehzahl von 3 000 umdrehungen pro Minute erreicht und dass eine freizügige Drehzahlverstellung nur mit erheblichem Aufwand oder mit hohen Verlusten möglich ist. Die moderne Stromrichtertechnik stellt verschiedenartige Frequenzumrichter für die Asynchronmaschine zur Verfügung. Ausgeführte Umrichter-Antriebe zeigen das gleiche Betriebsverhalten wie der bewährte Stromrichter-Gleichstromantrieb. Durch moderne Entwicklungen auf den Gebieten Leistungshalbleiter und Rechnersteuerung hat der Stromrichter-Drehstromantrieb gegenüber dem Stromrichter-Gleichstromantrieb an Bedeutung gewonnen.

## T8A

Ein Regelkreis besteht aus dem Regler, der Regelstrecke und einer negativen Rückkopplung der Regelgröße y auf den Regler.

Die Regelabweichung e wird durch die Differenz der Führungsgröße und Regelgröße $e = w - y$ gebildet und ist die Eingangsgröße des Reglers. Die vom Regler bei einer Abweichung ermittelte Stellgröße u wirkt dann auf die Strecke und somit auch auf die Regelgröße ein, um ihn auf den gewünschten Wert zu bringen und dort zu halten.

Die Störgröße z ist eine von außen wirkender Größe, die die Regelgröße verändert, somit nicht gewünscht ist und kompensiert werden muss.

Es gibt eine Vielzahl von verschiedenen Reglertypen (P-Regler, I-Regler, PI-Regler, PD-Regler und PID-Regler) und die Wahl eines bestimmten Reglers hängt von der geforderten Regelgenauigkeit und dem geforderten Zeitverhalten ab.

## T8B

Das Grundprinzip besteht darin, den Wert der Regelgröße zu messen. Durch die Rückkopplung der Regelgröße über Messglied und Regler zur Steuergröße entsteht ein geschlossener Wirkungskreis. Der geschlossene Kreis ist das eindeutige Unterscheidungsmerkmal einer Regelung. Die meisten Regelungen werden verwendet, um den Einfluss von Störungen, die innerhalb des Systems stattfinden, zu kompensieren. Die Regelgröße soll den vorgegebenen festen Sollwert einhalten: Festwert- oder Störgrößenregelung. Soll die Regelgröße zusätzlich gezielt verändert werden, so handelt es sich um eine Folge- oder Nachlaufregelung. Der variable Sollwert wird Führungsgröße genannt. Wenn keine Störungen zu kompensieren sind, kann die Führungsgröße lediglich die Eingangsgröße einer Steuerung sein.

## T8C

Das Prinzip der Selbstregulierung durch Rückkopplung ist in automatisierten

Maschinen weit verbreitet. Wurden Steuerungen und Regelungen in der Vergangenheit meist durch digitale und analoge diskrete Bauteile aufgebaut, so werden heute die erforderlichen Algorithmen häufig auf einem Digitalrechner, meist einem Mikrorechner, als Programme implementiert. Solche Programme führen dazu folgende Schritte aus:

1. Messe die Werte aller Variablen, die das Verhalten des Systems repräsentieren mit Hilfe von Sensoren.
2. Vergleiche die Messwerte mit den Sollwerten.
3. Ist eine Regelabweichung vorhanden, so entscheide, welche Maßnahme die Abweichung minimieren kann.
4. Führe die erforderliche Maßnahme durch.
5. Springe zum Schritt 1. und erzeuge dadurch die Rückkopplung.


**T9A**

Das Wort „Informatik" ist aus den Wörtern „Information" und „Automatik" gebildet und wird definiert als die Wissenschaft von der systematischen Verarbeitung von Informationen, insbesondere deren automatische Verarbeitung mit Hilfe von Digitalrechnern.

Die Hauptrichtungen der Informatik sind: Theoretische Informatik (Theoretische Grundlagen der Datenverarbeitung), Praktische Informatik (Praktische Durchführung von Softwareprojekten), Technische Informatik (Technische Grundlagen für die Realisierung von Systemen zur digitalen Datenverarbeitung) und Angewandte Informatik (Praxis von Computeranwendungen).


**T9B**

Der Sender übermittelt dem Empfänger eine Nachricht, die über eine gewissen Sachverhalt Auskunft gibt. Vor dem Erhalt der Nachricht herrscht beim Empfänger über den Sachverhalt eine gewisse Unsicherheit. Der Informationsgehalt der empfangenen Nachricht ist für den Empfänger umso größer, je mehr die Unsicherheit des Empfängers über den Sachverhalt durch die Interpretation der Nachricht reduziert wird. Eine Nachricht, die nur den Ankunftstag mitteilt, hat einen geringeren Informationsgehalt als eine Nachricht, die zusätzlich auch die Uhrzeit der Ankunft angibt. Eine Nachricht, die nur mitteilt, welche Mannschaft gewonnen hat, hat einen geringeren Informationsgehalt als eine Nachricht, die mitteilt, wie viele Tore beide Mannschaften erzielt haben.

**T9C**
Was sind Dualzahlen?

Das Zählen fängt beim Kleinkind wie auch bei den alten Völkern mit den Fingern an. Deswegen haben wir heute zehn verschiedene Ziffern und rechnen im so genannten Zehner- oder Dezimalsystem.

Das Stellenwertsystem funktioniert auch mit jeder anderen Anzahle von Symbolen. Computer etwa kennen nur zwei Symbole: 0 bedeutet Strom aus, 1 Strom an. Alle anderen Zahlen werden mit diesen beiden Ziffern gebildet. Das Zahlensystem mit 1 und 0 wird das Dualsystem genannt. Auch hier hat eine 1 unterschiedliche Werte, je nachdem wo sie steht. An der letzten Stelle bedeutet sie 1, an der vorletzten 2, an der vorvorletzten 4, an der vorvorvorletzten 8.

Mit Dualzahlen kann man rechnen wie mit Dezimalzahlen. Bei einer Addition schreibt man zum Beispiel die beiden Zahlen untereinander und zählt die Stellen rechts beginnend zusammen.

Einziger Unterschied: 1 + 1 ergibt eine 0 und einen Übertrag (ähnlich wie im Dezimalsystem bei 5 + 5).

**T10A**
Energie erfüllt eine unverzichtbare Hilfsfunktion für den Menschen. Man braucht Energie, um ein Haus zu beheizen, einen Raum zu beleuchten, einen Berg zu besteigen, Fahrzeuge und Anlagen zu betreiben usw. Energie kann

von einem System zu einem anderen übertragen werden. Dabei ändert sich der Zustand der beiden Systeme. Das abgebende System besitzt nach dem Prozess weniger, das aufnehmende System mehr Energie als vorher. Energie bleibt bei allen Wandlungen der Erscheinungsformen und des Erscheinungsortes erhalten, aber im Verlauf von Umwandlungs- und Transportprozessen nimmt der Nutzwert der Energie ab, weil sie in eine Form übergeführt wird, mit der nichts Nützliches mehr gemacht werden kann.

## T10B

Zur Erzeugung elektrischer Energie werden heute im Wesentlichen fossile Brennstoffe, Kernenergie und Wasser herangezogen. Die in diesen natürlichen Energieträgern enthaltene Energie wird als Primärenergie bezeichnet. Die Umwandlung dieser Primärenergie in elektrische Energie erfolgt vorwiegend in fossil befeuerten Kraftwerken, Kern- und Wasserkraftwerken.

Zurzeit werden in Deutschland ca. 60% der in öffentlichen Netzen benötigten elektrischen Energie durch fossil befeuerte Kraftwerke gedeckt. Im Vergleich zu den anderen Kraftwerksarten wird daher auf diesen Typ ausführlicher eingegangen.

In den Kraftwerken wird je nach Bauart und Ausführung eine Spannung zwischen 6 kV und 30 kV erzeugt. Diese wird zum Transport, z. B. im europäischen Verbundnetz in Höchstspannungsleitungen von z. B. 380 kV heraufgespannt. Am Mittelspannungsnetz (10 kV bis 30 kV) sind Tarifkunden mit abnehmergeeigneten Transformatorenstationen und die Ortsnetzstationen für den Niederspannungsbereich angeschlossen. Die Energieversorgung innerhalb eines Gebäudes erfolgt vom Hausanschluss.

## T10C

Drehstromsysteme

Im Niederspannungs-Drehstromnetz bezeichnet man die Drehstromsysteme nach den Erdungsverhältnissen. Die Bezeichnung der verschiedenen

Verteilungssysteme erfolgt international durch Buchstaben, z.B. TN-, TT- und IT-System. Im TN-System ist der Sternpunkt der Stromquelle direkt geerdet. Die Körper der angeschlossenen Verbraucher sind mit diesem Punkt des Transformators verbunden. Im Fehlerfall, z.B. bei Körperschluss wird der Fehlerstromkreis über den Schutzleiter geschlossen und eine automatische Abschaltung innerhalb der festgelegten Zeit erfolgt. Beim TN-System unterscheidet man drei Arten, das TN-S-, das TN-C- und das TN-C-S-System. Die Verbindung der Körper im TN-C-System, z.B. in öffentlichen Verteilersystemen, erfolgt über den PEN-Leiter, d.h. ein Leiter übernimmt Neutralleiter- und Schutzleiterfunktion, Im TN-S-System, z.B. in Installationen in Wohnungen sind Neutralleiter N und Schutzleiter PE getrennt.